典藏版／23

数林外传 系列

跟大学名师学中学数学

直尺作图及其他

◎单墫 著

中国科学技术大学出版社

内 容 简 介

本书以直尺作图为主,讨论了许多直尺作图的问题,例如,证明了已知一个圆及其圆心时,可以用直尺完成全部尺规作图;已知一个圆(不知道圆心),仅用直尺可以作出一个点关于这圆的反演点、极线以及(点在圆外时)由这点引出的切线等问题。还介绍了圆规作图以及其他一些作图问题(如用生锈的圆规作以已知线段为一边的正三角形)。借"玩"的机会,本书介绍了许多重要的知识,如交比的不变性、射影几何的基本定理、域扩张和作图不可能问题等。本书展示了不少原创内容,是一本"好玩"的书,欢迎大家一起来"玩"。

本书适合对几何学感兴趣的学生阅读,也适合从事相关教学工作的老师参考使用。

图书在版编目(CIP)数据

直尺作图及其他/单墫著. —合肥:中国科学技术大学出版社,2022.2

(数林外传系列:跟大学名师学中学数学)

ISBN 978-7-312-05381-8

Ⅰ.直… Ⅱ.单… Ⅲ.几何—青少年读物 Ⅳ.O18-49

中国版本图书馆 CIP 数据核字(2022)第 027720 号

直尺作图及其他

ZHICHI ZUOTU JI QITA

出版	中国科学技术大学出版社 安徽省合肥市金寨路 96 号,230026 http://press.ustc.edu.cn https://zgkxjsdxcbs.tmall.com
印刷	安徽国文彩印有限公司
发行	中国科学技术大学出版社
经销	全国新华书店
开本	880 mm×1230 mm 1/32
印张	5.5
字数	136 千
版次	2022 年 2 月第 1 版
印次	2022 年 2 月第 1 次印刷
定价	26.00 元

序

陈省身先生说:"数学好玩。"

陈先生说的"玩",当然不是普通意义上的玩,而是指数学思维的训练。在各个数学分支中,平面几何应当是最"好玩"的,它既有美丽的图形,令人赏心悦目,叹为观止;又有深邃的性质,可供人研究、证明。

欧几里得限定用圆规、直尺两种工具作图。一方面,圆规、直尺可以作出绝大部分的几何图形。另一方面,限定用这两种作图工具,有利于对思维的锻炼。

如果再进一步限定只用圆规或只用直尺作图,就称为圆规作图或直尺作图。

当然,仅用圆规,无法作出一条通常的直线;仅用直尺,也无法作出一个通常的圆。

但平面几何的作图,实际上是作点。如果能够作出一条直线或一个圆上任意多个、稠密的点,就可以认为这条直线或这个圆已经作出了。在这种意义来说,可以证明圆规作图能够完成全部尺规作图。

仅用直尺的直尺作图,我们见到的讨论不多。

苏联出过一本《直尺作图》的小册子,内容少得可怜,仅为寥寥数页。

我们的这本小册子,以直尺作图为主,讨论了许多直尺作图的问题,例如,证明了直尺作图的最重要的结论:如果给定一个圆及其圆心,仅用直尺可以完成全部尺规作图。这里的作圆,按照上面的解释。

我们还证明了已知一条直线上的三个点,仅用直尺可以作出第四个点,与三个已知点构成调和点列。已知一圆(不知道圆心)及一点,仅用直尺可以作出这点关于这圆的反演点、极线以及由这点引出的切线。我们也证明了已知一个圆,但不知道圆心,仅用直尺,有许多作图问题不能完成,例如,无法作出这个圆的圆心。

我们也介绍了圆规作图以及一些其他的作图问题(如用生锈的圆规作以已知线段为一边的正三角形)。

借"玩"的机会,我们介绍了许多重要的知识,如交比的不变性、射影几何的基本定理、域扩张和作图不可能问题等。

本书展示了不少原创内容。

一本"好玩"的书。

欢迎大家一起来"玩"。

笔　者

2021 年 10 月

目　　录

1 10 道作图题

本节提供 10 道作图题,供大家"赏玩"。

答案将在书中逐步披露,此处暂不公布,因为过早公布答案就不好玩了。

先来两道尺规作图题,"开一下胃"。

1.1 已知线段 a,t 和角 α(图 1.1),求作一个 $\triangle ABC$,使得 $BC = a$,$\angle BAC = \alpha$,并且 $\angle BAC$ 的角平分线 $AD = t$(D 在边 BC 上)。

图 1.1

1.2 已知直线 a、线段 b 及点 A,B(图 1.2)。试在直线 a 上找一点 C,使得

$$CA + CB = b$$

以下题 1.3~1.8 基本上是直尺作图题。强调一下,这里直尺的功能只是过两个已知点作一条直线,不能利用直尺上的刻度,也不能利用直尺的两条平行边作平行线。

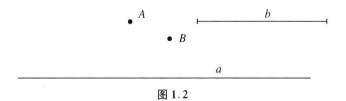

图 1.2

1.3 已知两条直线 a,b,它们接近平行,所以交点 K 在很

远很远的地方,不可望更不可即,无法在我们的纸上作出。纸上又有一已知点 A(图 1.3),请仅用直尺作出直线 AK。

这称为不可即点的作图。

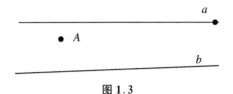

图 1.3

1.4　已知∠BAC(图 1.4),请作出它的角平分线,但圆规只许用一次,直尺可以使用任意多次。

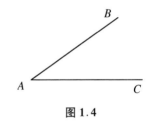

图 1.4

1.5　已知一圆(但不知道圆心)及圆外一点 A(图 1.5)。试仅用直尺过点 A 作这个圆的切线。

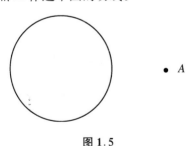

图 1.5

1.6　已知正三角形 ABC 及其中心 O,点 Q 在 BO 延长线上,并且∠$BCQ = 50°$(图 1.6),试问有无点 P 满足

$$\angle PCQ = \angle PQC = \angle PBQ?$$

有几个这样的点 P？能仅用直尺将它们作出来吗？

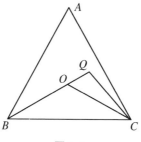

图 1.6

1.7　已知一正方形 $ABCD$ 及一个没有给出圆心的圆（图 1.7），请仅用直尺作出这个圆的圆心。

左下的正方形 $ABCD$ 抬头仰望右上方的一轮圆月："圆心在哪里？"

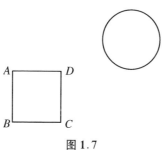

图 1.7

1.8　已知 $\odot O$ 及其圆心 O，线段 BC（图 1.8）。请仅用直尺作出线段 BC 的中点。

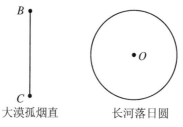

大漠孤烟直　　　　　　长河落日圆

图 1.8

1.9　已知一圆,不知圆心,请仅用圆规,作出这个圆的圆心。

1.10　已知两个点 B,C。作出点 A,使得 $\triangle ABC$ 为正三角形(图 1.9),但仅有一个生锈的圆规,它的张脚距离固定不变。

如果圆规两脚的距离 r 刚好是 BC,那么分别以 B,C 为心各作一圆,交点即为所求;但现在圆规两脚间的距离 r 可能大于 BC,也可能小于 BC,而且锈死,不能调整,你有什么办法呢?

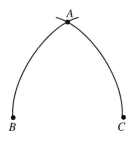

图 1.9

2 作图的"规矩"

孟子曰:"离娄之明,公输子之巧。不以规矩,不能成方圆。" (《孟子·离娄上》)

意思就是要作出精确的圆与正方形,应当用圆规与矩尺,如果不用这两样工具,即使如离娄、公输子那样能干的人也不能作出精确的圆与正方形。

几何学的奠基人欧几里得研究过几何作图。使用的作图工具也只有两种,即直尺与圆规,所以常称为尺规作图。

欧几里得明确地指出尺、规的功能如下:

1. 直尺的功能

(1) 过两个已知点 A,B,可作线段 AB、直线 AB。

(2) 作出两条已知直线的交点。

注意这里的直尺上面没有刻度(有刻度也不允许用),只能画直线。也不能利用常见的直尺双边来画平行线。与孟子所说的"矩",也稍有不同。矩可以直接画直角,而直尺不行。

当然,直尺与圆规结合,不难等分线段、作平行线、作直角(这就是合作的力量!)。

2. 圆规的功能

(1) 以已知点为心,过另一已知点作圆。

(2) 作出两个已知圆的交点。

当然,还有:

(3) 作出一条已知直线与一个已知圆的交点。

此外,允许我们在平面上任取一点,这点可以在已知直线或已知圆上,也可能在已知直线或已知圆外。

尺规的作用就这些了,欧几里得还规定这些功能只能实施有限多次(吾生也有涯,谁也不能无限次地操作)。

圆规的功能(1)可以改进为:(1)′以已知点为心,已知长为半径作圆。

即原先的圆规是比较差的,它不能截取线段,当它被提起时,两脚距离可能会变化,但欧几里得已经证明这样蹩脚的圆规也可以完成(1)′(在拙著《平面几何的知识与问题》一书中亦有介绍),所以后来提到圆规,都以(1)′(代替(1))作为它的功能。

一方面,正如孟子所说,没有规、尺,连圆与正方形都无法画好;另一方面,有了规、尺,大部分常见的几何图形都可以作出,例如,第 1 节中的问题 1.1 与问题 1.2。

我们将在本节末给出问题 1.1 的作法。

当然工具越多越方便,但欧几里得限定只许用这两种工具。一方面,他认为限定只用这两种工具,有助于培养思维能力;另一方面,或许他认为这两种工具已经足够以作成所有几何图形。

但人们很早就发现了尺规作图存在的三大问题:三等分任意角,立方倍积,化圆为方。后来证明这些都是尺规作图不能完成的问题。

现在有了几何画板等工具,不以规矩,也能成方圆了。不过尺规仍是最简单、最基本的作图工具。

如果尺、规分家,仅用圆规能作什么? 仅用直尺能作什么?

马斯开龙尼(Mascheroni,1750—1800)得出了一个惊人的结论:仅用圆规可以完成一切尺规作图。

当然,仅用圆规不可能画出一条过两个已知点 A,B 的连续直线,但可以证明仅用圆规可以画出直线 AB 上的无穷多个点,这些点处处稠密(即在 AB 上任一个小区间中都可以仅用圆规画出 AB 的点)。实际上,在欧氏几何中,直线是由两个点确定的一种集合,只要能作出一条直线上的两个点,我们就认为这直线已经被作出。我们称这样的直线为"隐直线",同时称用直尺实际作出的直线为"显直线"。同样,圆被认为是由圆心与圆上一点确定的一种集合。只要定出圆心与圆上一点,我们就认为这个圆已被作出。我们称这样的圆为"隐圆",用圆规实际作出的圆简称为"显圆"。

要证明圆规作图(即仅用圆规的作图)能完成全部尺规作图,就应证明它可以做到以下几点:

(1) 在一条直线(由两个点给出)上,作一个与已知两点不同的点。

(2) 求出一条直线(由两个点给出)与一个已知圆的交点。

(3) 求出两条已知直线(各由两个点给出)的交点。

在直线为隐直线时,以上三条都需要证明。

直尺作图(仅用直尺的作图),能实现的作图不及圆规作图多。

如果多给些条件,那么直尺作图的能力也能得到增强。

给定一条线段及其中点,就可以完成很多作图(见第9节)。

给定一个显圆但没有圆心,也可以完成一些作图。

给定一个显圆及其圆心,直尺作图可以完成全部尺规作图。

这需要证明与圆规作图相类似的三点:

(1) 在一个隐圆(知道圆心及圆上一点)上,可作出一个与已知点不同的点。

(2) 作出一条直线与一个隐圆的交点。

(3) 求出两个隐圆的交点。

本书以讨论直尺作图为主,也涉及一些其他的作图问题,如仅用双边直尺的作图,仅用矩的作图。

下面给出问题 1.1 的解法。

已知线段 a,t 和角 α(图 2.1),求作一个 $\triangle ABC$,使得 $BC = a$,$\angle BAC = \alpha$,并且 $\angle BAC$ 的平分线 AD 等于 t(D 在边 BC 上)。

这是一道尺规作图的难题,我曾将其作为测试题让学生解

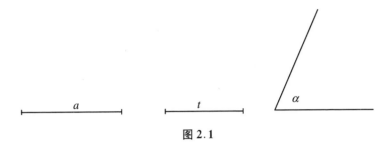

图 2.1

答,全年级 6 个班没有人能作出(我在网上发出此题,有人说很容易,他给出一个解答,可惜是错的)。

先作 $BC=a$,再以 BC 为底,作含角为 α 的弓形弧(BC 上方、下方各有一个,我们只画出上方的),并补足为圆(图 2.2)。

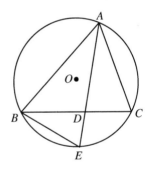

图 2.2

如果图已作好,那么点 A 应在 $\overset{\frown}{BC}$ 上,延长 AD 交圆于 E。因为 $\angle EBD = \angle EAC = \angle EAB$,所以
$$\triangle EBD \backsim \triangle EAB$$
从而
$$EB^2 = EA \times ED = EA(EA - AD)$$
由上述关于 EA 的二次方程解出
$$EA = \frac{AD}{2} + \sqrt{EB^2 + \left(\frac{AD}{2}\right)^2}$$

$\overgroup{BC}$的中点 E 可作(自圆心 O 作 BC 的垂线,交 $\odot O$ 于 E),所以 EB 的长 n 可得,由勾股定理可作出 $\sqrt{n^2 + \left(\dfrac{t}{2}\right)^2}$,从而 EA 可作,如图 2.3 所示。

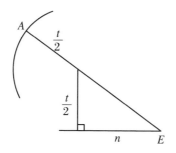

图 2.3

以图 2.2 中的 E 为圆心,图 2.3 中的 EA 为半径作图,交图 2.2 中的 $\odot O$ 于 A,则 $\triangle ABC$ 即为所求。

3 找圆心(一)

先做几道简单的直尺作图题。这里用到的知识不多,但限定仅用直尺却也不容易,读者可以先试一试。

例 3.1 如图 3.1 所示,已知两圆相交于 A,B,而且其中一圆圆心 O_1 为已知,试仅用直尺作出另一个圆的圆心。

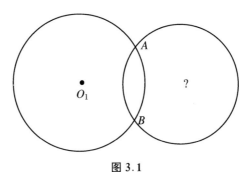

图 3.1

作法 过 O_1,A 作直径 AA'。直线 $A'B$ 交 $\odot O_2$ 于 A''。同样地,过 O_1,B 作直径,得 B',B''。

连 AA'',BB'',它们的交点即为 $\odot O_2$ 的圆心 O_2(图 3.2)。

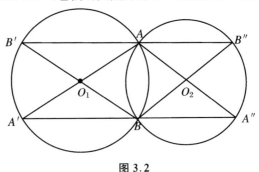

图 3.2

证明 直径 AA'，BB' 互相平分，而且相等，所以四边形 $ABA'B'$ 为矩形。

连心线 $O_1O_2 \perp AB$，并且平分 AB，所以 $AB'' \parallel BA'' \parallel O_1O_2$，并且 O_2 到 AB''，BA'' 的距离相等。

因此 $AB'' = BA''$，四边形 $ABA''B''$ 为矩形；对角线 AA''，BB'' 过圆心 O_2。

例 3.2 图 3.3 中两圆相交于 A，B，但两圆的圆心却不见了，请仅用直尺，作出这两个圆的圆心。

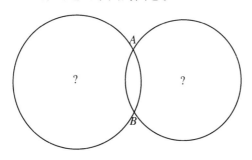

图 3.3

作法 在 $\odot O_1$ 上任取一点 C，作直线 CA 交 $\odot O_2$ 于 D，作直线 DB 交 $\odot O_1$ 于 E（图 3.4）。

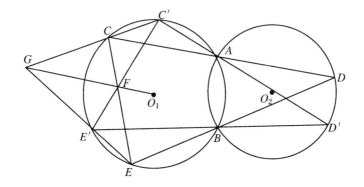

图 3.4

再在 $\odot O_1$ 上任取一点 C',同样作出 D',E'。

直线 $CE,C'E'$ 相交于点 F。

直线 CC',EE' 相交于点 G。

则直线 GF 必过 $\odot O_1$ 的圆心 O_1。从而再同样地作出类似于 G,F 的点 G_1,F_1,则 G_1F_1 与 GF 的交点就是 O_1。

证明不难,请大家先想一想,然后再往下看:

证明　$\angle CAC' = \angle DAD' = \angle DBD' = \angle EBE'$
所以弦 $CC' = EE'$。

圆心 O_1 到弦 CC',EE' 的弦心距相等,所以 GO_1 是 $\angle EGC$ 的平分线。

C 与 E'、C' 与 E 关于 O_1G 对称。

CE 与 $E'C'$ 的交点 F 在对称轴 O_1G 上,即 O_1 在直线 GF 上。

例 3.3　如图 3.5 所示,已知 $\odot O_1$ 与 $\odot O_2$ 外切于 A,O_1 为已知,试仅用直尺作出 O_2。

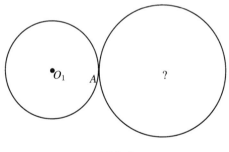

图 3.5

作法　如图 3.6 所示,作直线 O_1A(O_2 必在 O_1A 上)。过 A,任作不同于 O_1A 的直线分别交两圆于 B_1,B_2。

作过 $\odot O_1$ 的直线 B_1C_1。

作直线 AC_1,又交 $\odot O_2$ 于 C_2。

连 B_2C_2,交 O_1A 于 O。

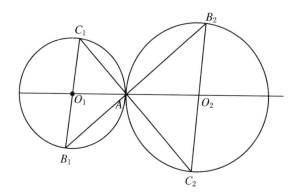

图 3.6

O 就是 $\odot O_2$ 的圆心 O_2。

证明 A 是 $\odot O_1$，$\odot O_2$ 的内位似中心。

B_1 与 B_2，C_1 与 C_2，O_1 与 O_2 为对应点。

O_1 在 B_1C_1 上，所以 O_2 在 B_2C_2 上。

O_2 又在直线 O_1A 上，所以 O_2 就是 O_1A 与 B_2C_2 的交点 O。

例 3.4 如图 3.7 所示，$\odot O_1$ 与 $\odot O_2$ 内切于 A。O_1 为已知，试仅用直尺作出 O_2。

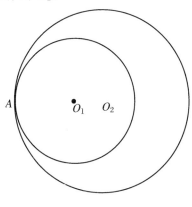

图 3.7

作法　如图 3.8 所示。

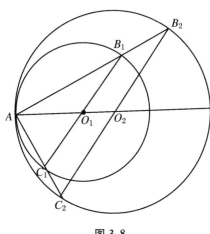

图 3.8

如果两圆外离或内含,知道一个圆心,仅用直尺可以作出另一个圆心。

如果两圆相切,但圆心切点未知,也可以仅用直尺作出它们的圆心。

这些均留待第 11 节再说。

4 不 可 即 点

第 1 节问题 1.3 是不可即点的问题。

如图 4.1 所示,已知直线 a,b 的交点 M 在很远的地方,图上无法画出。

又已知一点 N,如何作出直线 MN?

$N \bullet$

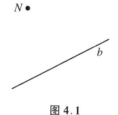

图 4.1

如果是尺规作图,并不困难,作图如图 4.2 所示。

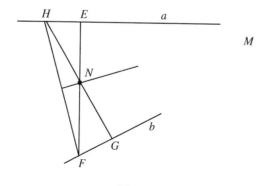

图 4.2

先过 N 作 a 的垂线,交 a 于 E,交 b 于 F。

再过 N 作 b 的垂线,交 b 于 G,交 a 于 H。

F,H,M 构成的 $\triangle MFH$,以 N 为垂心,过 N 作 HF 的垂线,这垂线就是直线 MN。

这种作图有一个严重的缺点:在 a,b 接近平行时,EF 与 GH 非常接近,图不易精确,很可能失之毫厘,差之千里。

本题仅用直尺的作图法有好几种:

一种是利用笛沙格(Desarques,1591—1662)定理或其逆定理。

笛沙格定理　　如果 $\triangle ABC$ 与 $\triangle A'B'C'$ 的对应边的交点 $AB \cap A'B' = R$,$BC \cap B'C' = P$,$CA \cap C'A' = Q$,P,Q,R 三点共线,那么对应顶点的连线 AA',BB',CC' 三线共点或平行。

笛沙格定理及其逆定理,我们将在第 8 节给出证明。现在先作为已知定理,用来解答本题。

作法　　将 N 点作为定理中的 C 点。在 a 上任取一点 A,在 b 上任取一点 B,再取一条直线 c。

设 $AN \cap c = Q$,$BN \cap c = P$,$BA \cap c = R$。

过 R 作直线分别交 a 于 A',交 b 于 B'。

作连线 $A'Q$,$B'P$,相交于 C'。

直线 NC' 即为所求的直线 MN(图 4.3)。

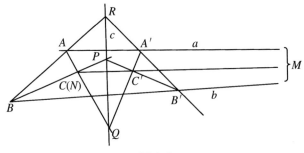

图 4.3

证明 由笛沙格定理 CC' 过直线 a,b 的交点 M。

笛沙格定理的逆定理 如果 $\triangle ABC$, $\triangle A'B'C'$ 的对应顶点的连线 AA', BB', CC' 交于一点 S,那么对应边的交点 $AB\cap A'B'=R$, $BC\cap B'C'=P$, $CA\cap C'A'=Q$,这三点共线。

用逆定理的作法如下(图 4.4):

作法 取一点 S,过 S 作两条直线,分别交直线 a 于 A, B,交直线 b 于 A', B'。

连 NB, NB'。

过 S 再作一条直线,分别交 NB, NB' 于 C, C';作直线 AC, $A'C'$,相交于 Q,直线 QN 即为所求。

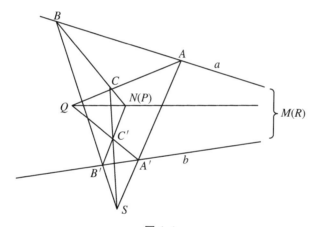

图 4.4

证明 $\triangle ABC$ 与 $\triangle A'B'C'$ 的对应顶点的直线交于一点 S,所以 $AB\cap A'B'=M$, $BC\cap B'C'=N$, $CA\cap C'A'=Q$,这三点共线,即 NQ 过不可即点 M。

图 4.4 中的 N, M 就是逆定理中的 P, R。

这个图像是上一个图横过来。

再有一种仅用直尺的作法更为简单。

作法 过 N 作两条直线,分别交 a 于 A, A',交 b 于

B，B'。

直线 AB'，$A'B$ 相交于 P。

过 P 再作直线，分别交直线 a 于 A''，交直线 b 于 B''。

$A''B \bigcap A'B'' = L$。

直线 LN 即为所求（图 4.5）。

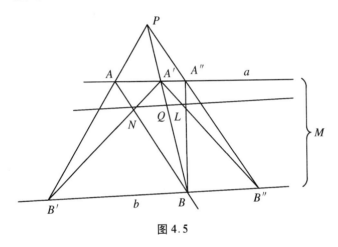

图 4.5

证明说来话长，我们将在后文（第 16 节）给出。

5 尺 不 够 长

这一节很短,实际上是一道练习题,供读者练习。

已知 A,B 两点,用直尺可连线段 AB,但如果你的直尺不够长(直尺长度小于线段 AB 长度),如何连接 A、B 两点?

如果你熟悉了上一节的最后一种作法,那么解这道题易如反掌(读者先想一想,想不出再看下面的作法)。

作法 如图 5.1 所示,过 A 作射线 AC,AD,将 B 夹在其中。

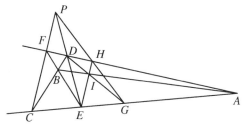

图 5.1

这里 $\angle CAD$ 足够小(如不够小,在 $\angle CAD$ 中再作 AC',AD' 使 $\angle C'AD'$ 足够小)。

过 B 作两条直线,分别交 AC,AD 于 C,E 及 D,F,连 CF,DE(如尺的长度不够,无法连,则如上一步的方法,将 $\angle CAD$ 再次缩小)。

延长 CF,DE 相交于 P,过 P 作直线分别交 AC,AD 于 G,H,连 EH,DG(同样,在 $\angle EPG$ 足够小时,它们总是可连的)相交于 I,则直线 BI 必过 A。

读者可以看出,这里的 A,B,相当于上一节的 M,N。证明同样可见第 16 节。

6 不 可 能

仅用直尺可以完成一些作图问题,这在前几节已经看到。

但是直尺的功能毕竟有限,有很多作图,仅用直尺不可能完成。例如:

(1) 作一个 $60°$ 的角。

(2) 已知直线 a 及直线 a 外一点 A,过 A 作 a 的平行线。

(3) 已知直线 a 及一点 A,过 A 作 a 的垂线。

……

怎么证明仅用直尺不可能完成这些作图呢?

我们介绍两种证明方法。

第一种是数域的扩张。

设 M 是一个含有非零的数的集合,对于加减乘除封闭,即对于任意 $a,b \in M, a+b, a-b, ab$ 与 $\dfrac{a}{b}$(当然分母 b 不为 0)都仍在 M 中,则称 M 为数域。

全体有理数所成的集合 $\mathbf{Q}$ 就是一个数域。

全体正数所成的集合 P 不是数域,因为对于 $a,b \in P$,当 $a > b$ 时,$b-a$ 的差不在 P 中。

全体整数所成集合 $\mathbf{Z}$ 也不是数域,因为 $a=2, b=3 \in \mathbf{Z}$,而 $\dfrac{a}{b} = \dfrac{2}{3}$ 不在 $\mathbf{Z}$ 中。

不难证明 $\mathbf{Q}$ 是最小的数域,即每一个数域都包含 $\mathbf{Q}$。

学过无理数后,我们知道无理数非常多,例如 $\sqrt{2} \notin \mathbf{Q}$。将 $\sqrt{2}$ 加到 $\mathbf{Q}$ 中作加、减、乘、除,得到数集

$$M = \{a + b\sqrt{2} \mid a,b \in \mathbf{Q}\}$$

M 就是一个数域,对于 $a + b\sqrt{2}, c + d\sqrt{2} \in M$,显然

$$(a + b\sqrt{2}) \pm (c + d\sqrt{2}) = (a \pm c) + (b \pm d)\sqrt{2} \in M$$

$$(a + b\sqrt{2})(c + d\sqrt{2}) = (ac + 2bd) + (ad + bc)\sqrt{2} \in M$$

$$\frac{a + b\sqrt{2}}{c + d\sqrt{2}} = \frac{(a + b\sqrt{2})(c - d\sqrt{2})}{c^2 - 2d^2}$$

$$= \frac{ac - 2bd}{c^2 - 2d^2} + \frac{bc - ad}{c^2 - 2d^2}\sqrt{2} \in M$$

M 包含 $\mathbf{Q}$,通常称为 $\mathbf{Q}$ 添加 $\sqrt{2}$ 得到的域,同样地,

$$M_1 = \{a + b\sqrt{3} \mid a, b \in \mathbf{Q}\}$$

就是 $\mathbf{Q}$ 添加 $\sqrt{3}$ 得到的域。

要证明仅用直尺不能作出 $60°$ 的角,就需要将点、直线与数发生关联。这个方法是大家所熟知的,建立平面直角坐标。

设想我们已用通常的方法建立了直角坐标系,互相垂直的两条直线分别充当 x 轴与 y 轴,但不一定要把它们画出来(可以是隐直线)。

这时平面上任一个点,可以用一对数来表示,即这点的横坐标与纵坐标,如果两个坐标都是有理数,那么这个点就称为有理点,否则就不称为有理点。

直线通常用一次方程表示,设一直线方程为

$$ax + by + c = 0$$

如果 a, b, c 都是有理数,那么就称它为有理直线,如果不能化成这种形式,就不能称它为有理直线。

仅用直尺作图时,我们可在平面上任取一点,但这一点是否为有理点,我们无法得知,很可能运气不好,想取的不是有理点,取到的却是有理点(当然也可以说运气好,取到了有理点)。过两个已知的有理点的直线,当然是有理直线。任作一条直线,很可能也是有理直线。于是两条直线的交点,也是有理点(在这两条直线均为有理直线时)。

所以仅用直尺无法保证我们能作出 $60°$ 的角,因为在这个角的一条边作为 x 轴时,另一条边的方程是 $y = \sqrt{3}\,x$,它不是有理直线。

在平面上,除了两条隐直线构成的坐标轴,没有其他直线时,我们仅用直尺所作成的直线,都不能认为不是有理直线,即无法仅用直尺作出非有理直线。

或许有人说:我运气好,估计一下,画一条线,刚好与水平线成 $60°$。

可是,几何作图不能靠运气,必须给出一个作图方法,按照这个方法,每一次都能正确地得出需要的结果。

实验科学,如物理、化学、生物……都需要重复实验。一次实验碰巧得出好结果,不足为凭,必须能多次重复,成功率要相当高。

而数学则更加严格,不仅要求成功率是 100%,而且还要能证明你的方法是一定成功的。

所以,单用直尺,可能每次取的点都是有理点,取的直线都是有理直线,不能产生出非有理点,不能作出 $60°$ 的角。

但如果有了圆规,就厉害多了。因为圆的方程是二次方程,可以作出二次无理数(二次方程的非有理根),如例 6.1。

例 6.1　圆 $x^2 + y^2 = 1$ 与圆 $(x - 1)^2 + y^2 = 1$ 的交点是 $\left(\dfrac{1}{2}, \pm\dfrac{\sqrt{3}}{2}\right)$,其中纵坐标就是无理数。所以利用尺规作图不难作出 $60°$ 的角。

如图 6.1 所示,用尺规作出 $60°$ 的角。

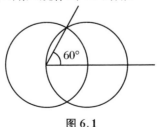

图 6.1

用尺规不仅能作出 $\sqrt{2}$（边长为 2 的正方形对角线）、$\sqrt{3}$，…，还可以作出任一个无理数 $\sqrt{n}$，这里的 n 为正整数。事实上，在作出 $\sqrt{n-1}$ 后，再用勾股定理，由图 6.2 便可得出 $\sqrt{n}$。

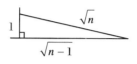

图 6.2

在有理数域 **Q** 中添加一个二次无理数，例如 $\xi_1 = \sqrt{2}$，得到数域
$$M_1 = \{a + b\sqrt{2}, a, b \in \mathbf{Q}\}$$
M_1 称为 **Q** 的二次扩张。M_1 中再添加一个系数在 M_1 中的二次方程的根 ξ_2（如果 ξ_2 不在 M_1 中），得出数域
$$M_2 = \{a + b\xi_2, a, b \in M_1\}$$
M_2 称为 M_1 的二次扩张，它是 **Q** 的 4 次扩张。

如此继续下去，每次添加一个二次方程的根，可得到 **Q** 的 2^n 次扩张。

这就是说尺规作图，能作出也只能作出的长度是 **Q** 的 2^n 次扩张中的数。

例 6.2 （立方倍积问题）作一个立方体，使得它的体积为单位立方体的 2 倍。

设所作的立方体边长为 x，则
$$x^3 = 2$$
但 $x^3 = 2$ 没有有理根。将它的实根 $\sqrt[3]{2}$ 添加到 **Q** 中，得到的数域 $\mathbf{Q}(\sqrt[3]{2})$ 是 **Q** 的三次扩张，$\sqrt[3]{2}$ 不在 **Q** 的 2^n 次扩张中，因此不能用尺规作图作出，即立方倍积是尺规作图的不可能问题。

例 6.3 （三等分角的问题）已知 $\angle AOB$，将它三等分。

设 $\angle AOB = 60° = 3\alpha$，三等分 $\angle AOB$，即作出 $\alpha = 20°$ 的角。

由三倍角公式

$$4\cos^3 \alpha - 3\cos \alpha = \cos 3\alpha = \frac{1}{2}$$

所以 $\cos \alpha$ 是三次方程

$$8x^3 - 6x - 1 = 0$$

的根。

这是整系数的三次方程，但它没有整数根，从而也没有有理根。将它的根 $\cos 20°$ 添加到 **Q** 中，得到的数域是 **Q** 的三次扩张。$\cos 20°$ 不在 **Q** 的 2^n 次扩张中，因此不能用尺规作出，$20°$ 的角也不能用尺规作出。

尺规作图不能完成的问题，仅用直尺当然更不能完成。

另一个证明仅用直尺作图不可能实现的方法是考虑平面到平面的射影，我们将在下两节中陈述。

附注　域扩张的问题，这里只能粗略讨论，有兴趣的读者可进一步学习抽象代数的有关内容。

7 平 行 射 影

已知平面 M, M' 及一条与 M, M' 都相交的直线 l。

设想有与 l 平行的光线照到平面 M 上,将 M 投影到 M' 上,即对于每个点 $A \in$ 平面 M,过 A 作点线 l 的平行线,交平面 M' 于 A',A' 称为 A 在平面 M' 上的平行射影(图 7.1)。

如果平面 M 上的点 A, B 的平行射影为 A', B',那么过 A,B 的直线 AB 在平面 M' 上平行射影就是直线 $A'B'$。

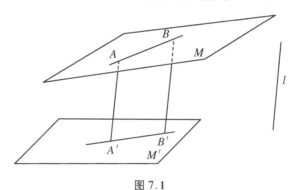

图 7.1

这样的射影是平面 M(的点)到平面 M'(的点)的一一对应。

平行射影将点变为点,直线变为直线,而且当 A 在平面 M 的直线 a 上时,A 的射影 A' 在平面 M' 的直线 a' 上,这里的直线 a' 是直线 a 的平行射影。

这一性质称为同素性。

在 $l \perp$ 平面 M' 时,平行射影常称为正射影。

例 7.1 平面 M 上的直线 a 在平面 M' 上的平行射影为 a'。问 a 与 a' 何时平行?

解　在平面 M 与平面 M' 平行时,设 a 上的点 A,B 在平面 M' 上的平行射影分别为 A',B',则 $AA'/\!/l/\!/BB'$(图 7.2)。

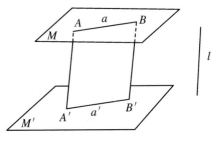

图 7.2

因为平面 $M/\!/$ 平面 M',所以 $AA'=BB'$。

从而四边形 $AA'B'B$ 为平行四边形,则

$$a/\!/a'$$

在平面 M 与平面 M' 不平行时,设它们的交线为 q(图 7.3)。

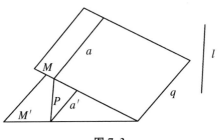

图 7.3

如果 $a/\!/q$,那么 q 平行于 a,a' 所成的平面 P,从而 q 平行于平面 P 与平面 M' 的交线 a'。

于是 $a/\!/a'$。

反之,如果 $a/\!/a'$,那么 $a/\!/M'$,所以 a 平行于 M' 与 M 的交线 q。

于是,在平面 $M/\!/M'$ 时,$a/\!/a'$;在平面 M 与 M' 相交的交

线为 q 时,当且仅当 $a /\!/ q$ 有 $a /\!/ a'$。

例 7.2　平面 M 上的点 A,B 在平面 M' 上的射影分别为 A',B',问线段 AB 与线段 $A'B'$ 能否相等?何时相等?

解　如果平面 $M /\!/ M'$,那么由例 7.1,$AB /\!/ A'B'$,四边形 $AA'B'B$ 是平行四边形,$AB = A'B'$(图 7.2)。

如果平面 M 与平面 M' 不平行,设它们的交线为 q,则由例 7.1,当 $AB /\!/ q$ 时,$AB /\!/ A'B'$,仍有 $AB = A'B'$(图 7.3)。

在 AB 不平行于 q 时,设 AB 交 q 于 S,则 $A'B'$ 也交 q 于 S,四边形 $AA'B'B$ 为梯形。当且仅当 $\angle ABB' = \angle A'B'B$ 时,$AB = A'B'$,即当且仅当 l 与 AB 所成的角等于 l 与 $A'B'$ 所成的角时,$AB = A'B'$(图 7.4)。

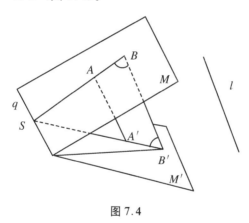

图 7.4

设 A,B,C 为一条直线上的三个点,称 $\dfrac{AC}{BC}$ 为三点 A,B,C 的简单比,并记为 (ABC),即

$$(ABC) = \frac{AC}{BC} \qquad (7.1)$$

这里将 A,B 作为基础点,而 C 作为分点。线段 AC,BC 都是有向线段。

当 C 在线段 AB 内部时,AC,BC 异号,简单比 (ABC) 的值

为负。

当 C 在线段 AB 外部时，AC，BC 同号，简单比（ABC）为正。

当 $C = A$，即 C 与 A 重合时，（ABC）$= 0$。

当 $C = B$，即 C 与 B 重合时，（ABC）$= \infty$（无穷大）。

例7.3　设平面 M 上的点 A，B，C 在一条直线上，它们在平面 M' 上的平行射影分别为 A'，B'，C'，则

$$（ABC）=（A'B'C'） \tag{7.2}$$

证　在平面 $M \mathbin{/\!/} M'$ 时，$AC \underline{\underline{/\!/}} A'C'$，$BC \underline{\underline{/\!/}} B'C'$。结论显然成立。

在平面 M 与平面 M' 相交时，如图 7.5 所示，$AA' \mathbin{/\!/} BB'$，所以直线 AB，$A'B'$ 都在平面 $AA'B'B$ 内，CC' 也在这个平面内，由平面几何，因为 $AA' \mathbin{/\!/} BB' \mathbin{/\!/} CC'$，所以

$$（ABC）=（A'B'C'）$$

平行射影保持线段的简单比不变，这是它的一个重要的性质。

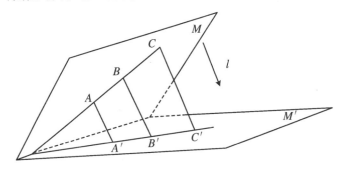

图7.5

例7.4　如果平面 M 上的直线 a，b 互相平行，a，b 在平面 M' 上的平行射影分别为 a'，b'，那么 $a' \mathbin{/\!/} b'$。

证　设 a 与 a' 所成平面为 P，b 与 b' 所成平面为 Q。因为 $a \mathbin{/\!/} b$，所以 $a \mathbin{/\!/} Q$。

设点 A 在 a 上，B 在 b 上，它们的平行射影 A'，B' 分别在

a', b'上(图 7.6),则

$$AA' \mathbin{/\!/} l \mathbin{/\!/} BB'$$

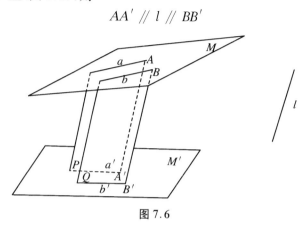

图 7.6

所以 $AA' \mathbin{/\!/} Q$。

　　平面 P 上有两条相交直线 a, AA', 都平行于平面 Q, 所以平面 $P \mathbin{/\!/} Q$。

　　平面 M' 与平面 P, Q 分别相交于 a', b', 所以 $a' \mathbin{/\!/} b'$。

　　因此, 平行射影保持直线互相平行的性质。

　　平行射影能否保持直线互相垂直的性质?

　　显然不能。

　　最简单的例子是设平面 M 与平面 M' 相交于直线 b, 平面 M 上的直线 $a \perp b$, 垂足为 B(图 7.7)。

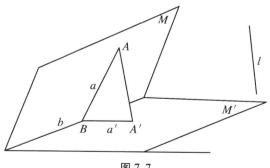

图 7.7

设点 A 在直线 a 上，A 的平行射影为 A'，则 $AA'/\!/l$，a 的平行射影就是直线 $A'B$，而 B 点及直线 b 的平行射线都是自身。

如果仍有 $a'\perp b$，那么 $b\perp$ 平面 ABA'，从而 $b\perp AA'$，即 $l\perp b$。

换言之，如果 l 不与交线 b 垂直，那么 a' 也就不垂直于 b，即互相垂直的性质就不能保持。

只要选择 A' 不在交线 b 的过 B 点的垂面上，那么 AA' 就不与 b 垂直，也就是射影方向 l 不与交线 b 垂直。

再如，立方体 $ABCD\text{-}A'B'C'D'$ 的一个"角"即三棱锥 $A\text{-}BOA'$，它的底面 BDA' 是正三角形。当在射影方向为平面 BDA' 的垂线时，AA'，AB，AD 在面 BDA' 上的正射影为 $A'O$，BO，DO，其中 O 为 $\triangle A'BD$ 的中心，AA'，AB，AD 互相垂直，而它们的射影 $A'O$，BO，DO 的两两夹角为 $120°$（图7.8）。

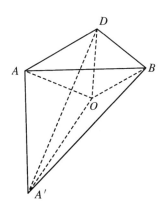

图7.8

例7.5 证明仅用直尺不能作出 $45°$ 的角。

证 考虑两个相交的平面 M，M'，它们所成的二面角为 $60°$，交线为 AB。

在平面 M 内作正方形 $ABCD$，连对角线 BD（图7.9）。

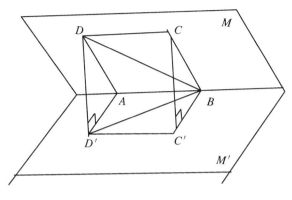

图 7.9

作正射影,正方形 $ABCD$ 射影成矩形 $ABC'D'$, $BC' = BC\cos 60° = \dfrac{1}{2}BC$, $AD' = \dfrac{1}{2}AD$。

原先 BD 平分 $\angle ABC$, $\angle ABD = 45°$, 但 BD' 不再平分 $\angle ABC'$, $\angle ABD' \neq 45°$。

所以平行射影不保持原有的角度及平分角的性质。

如果仅用直尺可在平面 M 上作出 $\angle ABD = 45°$, 那么在平面 M' 上,相应的作图的射影将作出 $\angle ABD' = 45°$, 但上面已经说过 $\angle ABD' \neq 45°$, 所以仅用直尺在平面 M 上不可能作出 $\angle ABD = 45°$。

在直角坐标系中的直线

$$y = x$$

是倾角为 $45°$ 的直线,它是有理直线,斜率为1,但仅用直尺无法作出。这用域扩张理论无法证明,只有用上述射影的方法证明。

8 中 心 射 影

红日升起,阳光普照大地。

太阳虽大,但离我们很远,可以将它当作一个点光源,同时不妨将地球作为一个平面(地平面)。

设 S(光源)为平面 N 外一点,对空间中任一点 P,作直线 SP,交平面 N 于 P',称 P' 为 P 在平面 N 上的中心射影或像(图 8.1)。

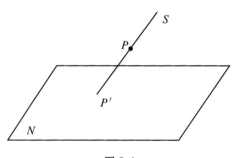

图 8.1

但在 SP 与平面 N 平行时,SP 与平面 N 没有交点(P'不存在)。为了克服这个缺点,射影几何学的奠基人蓬斯莱(Poncelet,1788—1867)(图 8.2)天才地引进一个"理想元素" P_∞,作为直线 SP 与平面 N 的交点,称之为(直线 SP 上的)无穷远点。这样,空间中每个点 P 都在平面 N 上有中心射影,或者是普通的点,或者是无穷远点。

引进无穷远点的好处很多,最明显的一点就是很多命题可以统一叙述而不必分成平行或相交两种情况。

例如,"平面上的两条直线一定相交于一点(这点可以是普通的点或无穷远点)",这与"过两个点可以作一条直线"形成对偶命题(将两个命题中的点与直线互换就变成另一个命题)。

射影几何学的真正独立的研究可以说是蓬斯莱在 19 世纪开创的。蓬斯莱是法国军官,1812 年跟随拿破仑入侵俄国,当了俘虏,1814 年才被释放。在监狱里,他在没有任何参考书的条件下,构思并写作了《论图形的射影性质》一书,并于 1822 年在巴黎出版。

图 8.2 蓬斯莱

在直线 a 上有一个无穷远点 a_∞,所有与 a 平行的直线都通过 a_∞(按照数理逻辑家 B. Russell 的说法,a_∞ 就是与 a 平行的直线的全体)。

若直线 b 不与 a 平行,则 b 不通过 a_∞(b 与 a 已有一个普通的交点,若通过 a_∞,则有两个不同的公共点了)。

b 的平行直线与 b 相交于直线 b 上的无穷远点 b_∞。

这样,每条直线上都有一个无穷远点。

每两条直线相交于一点,这一点可能是普通的点(两条直线相交),也可能是无穷远点(两条直线平行)。

过每两点有一条直线,这两点可能是两个普通点,也可能是一个普通点和一个无穷远点,也可能是两个无穷远点。

过两个无穷远点 a_∞,b_∞ 的直线 c,上面的点全是无穷远点(如果有一个普通点 C,那么 C 与 a_∞ 确定一条直线,C 与 b_∞ 也确定一条直线,因为 a_∞ 与 b_∞ 不同,所以这两条直线不同。但 C 在 c 上,a_∞,b_∞ 也在 c 上,所以这两条直线是同一条直线),

而且无穷远点也全在这条直线 c 上（如果有无穷远点 d_∞ 不在 c 上，那么 d 与 c 的交点不是 d_∞，而是普通点，与上面所说矛盾）。

因此，在一个平面上有且仅有一条直线由所有的无穷远点组成，它称为无穷远直线。

如果在平面上引进射影坐标，每点坐标为 (x_1,x_2,x_3)。第三坐标 $x_3=0$ 的点就是无穷远点，而直线 $x_3=0$ 就是无穷远直线。

不过，本书仅用到极少的射影几何知识，读者只需稍有了解即可，如要进一步学习，可阅读本书所列的参考书籍。通常，我们更关心的是由一个平面到另一个平面的射影。

设点 S 不在平面 M,N 上。

对每个点 $A\in M$，作直线 SA 交平面 N 于 A'，A' 称为 A 的中心射影或像（A' 可能是无穷远点），S 称为射影中心。

显然，中心射影建立了平面 M 与 N 的点的一一对应，它将平面 M 的点变成平面 N 的点，平面 M 的直线变成平面 N 的直线，而且保持点与线之间的关系，即若点 A 在平面 M 的直线 a 上，则点 A'（A 的中心射影）在直线 a（a' 的中心射影）上。

所以，中心射影是上一节所说的同素对应。

例 8.1　如图 8.3 所示，平面 M 上的两条平行线 a,b，经过中心射影变为平面 N 上的直线 a',b'，问是否一定有 $a'\parallel b'$？

解　设 S 为射影中心。如果平面 $M\parallel N$，那么 Sa_∞ 与平面 M 平行，也与平面 N 平行，与 N 的交点是无穷远点，所以 $a'\parallel b'$（图 8.3）。

如果平面 N 与平面 M 不平行，那么未必有 $a'\parallel b'$，如图 8.4 所示，Sa_∞ 交平面 N 于 S'，而 a,b 均与 SS' 平行，但它们的射影 a',b' 相交于 S'。

再如，一个三棱柱 $SAB\text{-}S'CD$（图 8.5），它的侧棱 AD 与 BC 平行，设侧面 $ABCD$ 为平面 M，AD 为 a，BC 为 b。又设平面 N 为平面 $S'AB$，则 A,B 在平面 N 上的中心射影仍为 A,B。C 在

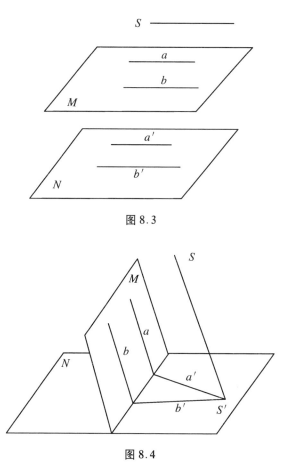

图 8.3

图 8.4

N 上的中心射影是 SC 与 $S'B$ 的交点 C'，D 在 N 上的中心射影是 SD 与 $S'A$ 的交点 D'，a，b 在平面 N 上的中心射影分别为 $a' = S'A$ 和 $b' = S'B$。显然这时 a'，b' 不平行（相交于 S'）。

例 8.2 已知平面 M 上的直线 a 及直线 a 外一点 E，证明仅用直尺不能作出过 E 的直线 a 的平行线。

证 设能仅用直尺在平面 M 上作出过 E 的直线 b，$b /\!/ a$。

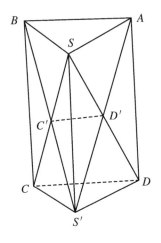

图 8.5

取另一个平面 M' 及射影中心 S，使得 a,b 在平面 N 的中心射影 a',b' 不平行。

由于中心射影是同素对应，在平面 M 上的作图对应于平面 M' 上的作图，即在 M 上取一点 A，在 M' 上有一点 A'（A 的中心射影）与之对应；在 M 上作一条直线 c，在 M' 上有一条直线 c'（c 的中心射影）与之对应。M 上的作图仅用直尺完成，M' 上的作图同样仅用直尺完成。所以在平面 M 上作出过 E 的直线 b，则在平面 M' 上作出过 E'（E 的中心射线）的直线 b'。$b /\!/ a$，所以应有 $b' /\!/ a'$。

但 b' 与 a' 不平行，所以上述作图不能仅用直尺完成。

更一般地，在中心射影下不能保持的性质（如两条直线的平行），都不能仅用直尺完成。

例 8.3　如图 8.6 所示，已知直线 a 及 a 外一点 B，证明仅用直尺不能过 A 作 a 的垂线。

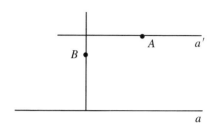

图 8.6

证　假如能仅用直尺过 B 作出 a 的垂线 b。那么对于 a 外一点 A，可以先作出 $b \perp a$。在 b 不过 A 时，再仅用直尺，过 A 作 $a' \perp b$，则 a' 过 A 且 $a' /\!/ a$，与例 8.2 矛盾。在 b 过 A 时，另取一点 C 不在 a，b 上，过 C 作 $c \perp a$，再过 A 作 $a' \perp c$，仍导出矛盾。

另一种证法如图 8.7 所示，考虑立方体 $ABCD\text{-}A'B'C'D'$ 的一个"角"。即三棱锥 $A\text{-}BDA'$，它的底面 BDA' 是正三角形 $A'BD$，而 AA'，AB，AD 两两垂直。

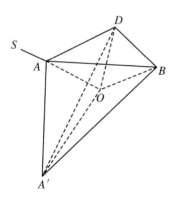

图 8.7

设 O 为正三角形 $A'BD$ 的中心，则 $AO \perp$ 平面 $A'BD$。

以 OA 延长线上一点 S 为射影中心，将平面 $AA'B$ 上的直

线 AA', AB 射影到平面 BDA' 上，变成直线 OA', OB。因为 O 是 $\triangle A'BD$ 的中心，$\angle A'OB = \angle BOD = \angle DOA' = 120°$，所以互相垂直的直线 AA', AB 的射影 OA', OB 并不互相垂直。即中心射影不能保持两条直线互相垂直的性质。所以仅用直尺不能完成垂线的作图。

中心射影可以用来证明笛沙格定理。

先看一下空间的笛沙格定理。

设平面 M 与平面 M' 相交于直线 l。S 点在平面 M、平面 M' 外，在平面 M 上有一个 $\triangle ABC$，以 S 为射影中心，将它射影到平面 M' 上，得 $\triangle A'B'C'$（图 8.8）。

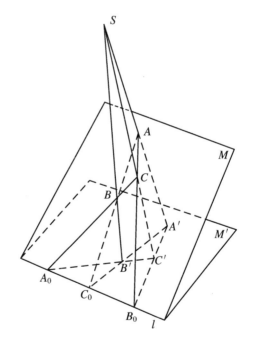

图 8.8

设 $AB \cap A'B' = C_0$（AB, $A'B'$ 都在平面 SAB 内，所以或相

交,或平行,$AB /\!/ A'B'$ 时,它们均与平面 M,M' 的交线 l 平行。即 C_0 是直线 l 上的无穷远点),$BC \cap B'C' = A_0$,$CA \cap C'A' = B_0$。要证明 A_0,B_0,C_0 共线。

证明很容易。AB 与 $A'B'$ 的交点也是平面 M 与平面 M' 的交点,所以 C_0 在 M 与 M' 的交线 l 上。

同理 B_0,A_0 也都在 l 上。

因此 A_0,B_0,C_0 共线(图 8.9)。

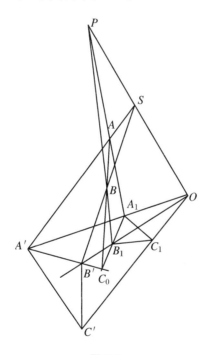

图 8.9

如果再在平面 M,M' 外取一个与 S 不同的点 P。

以 P 为中心,将 S 投射到平面 M' 上得点 O,又将平面 M 上的点 A,B,C 也投射到平面 M' 上,分别得点 A_1,B_1,C_1(请读者根据图 8.8 想象一下,我们不再绘图)。

这时直线 AA', BB', CC' 分别变为平面 M' 的 A_1A', B_1B', C_1C', 它们都过 O 点, 而 $B_1C_1 \bigcap B'C' = A_0$, $C_1A_1 \bigcap C'A' = B_0$, $A_1B_1 \bigcap A'B' = C_0$, 即 $\triangle A_1B_1C_1$ 与 $\triangle A'B'C'$ 形成笛沙格定理的构图。

这一中心射影提供了证明笛沙格定理的一种方法, 具体如下 (上面说的还不能直接作为证明, 因为 $\triangle A_1B_1C_1$ 不是预先给定的):

如图 8.9 所示, 设在平面 M' 上, $\triangle A'B'C'$ 与 $\triangle A_1B_1C_1$ 的对应顶点的连线 $A'A_1$, $B'B_1$, $C'C_1$ 相交于点 O。

$A'B' \bigcap A_1B_1 = C_0$, $B'C' \bigcap B_1C_1 = A_0$, $C'A' \bigcap C_1A_1 = B_0$, 现在要证明 A_0, B_0, C_0 共线。

在平面 M 外取一点 P, 连 PO, 在 PO 上取一点 S, 在平面 POA_1 上, 连 PA_1, 连 SA' (A' 在点线 OA_1 上, 当然也在平面 POA_1 上), 相交于 A。

同理, 设在平面 POB_1 上, $PB_1 \bigcap SB' = B$, 在平面 POA_1 上, $PA_1 \bigcap SA' = A$。

设 $\triangle ABC$ 所在平面为 M, M 与 M' 的交线为 l。

根据上面空间的笛沙格定理有以下推论:

因为 AA', BB', CC' 都过 S, 所以 $AB \bigcap A'B'$, $BC \bigcap B'C'$, $CA \bigcap C'A'$ 三点共线, 三点都在 l 上。

但 $AB \bigcap A'B'$ 也是平面 PA_1B_1 (即平面 PAB) 与平面 M 的公共点, 所以必在这两个平面的公共线 A_1B_1 上, 从而 $AB \bigcap A'B' = A_1B_1 \bigcap A'B' = C_0$。

同样地, $BC \bigcap B'C' = A_0$, $CA \bigcap C'A' = B_0$, 所以 A_0, B_0, C_0 共线。

在第 18 节还有另一个证明方法。

笛沙格定理的逆定理不难用同一方法证明。

9 两个基本作图

虽然前两节说了仅用直尺能作的图形颇有限制,但如果已知一些给定的图形,那么仅用直尺仍可大有作为。

仅用直尺有两个很基本的作图。

基本作图 1 如果有一条直线 l 与线段 AB 平行,那么可以仅用直尺作出线段 AB 的中点。

作法如下(图 9.1):

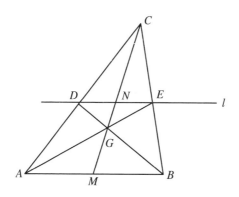

图 9.1

在直线 AB 与直线 l 外任取一点 C。

作直线 CA,CB,分别交直线 l 于 D,E。

作直线 AE,BD,相交于 G。

作直线 CG,交直线 AB 于 M。

M 就是线段 AB 的中点。

证 设直线 CG 交 l 于 N。

因为 $AB /\!/ l$,所以 $\triangle CDN \backsim \triangle CAM$,$\triangle CNE \backsim \triangle CMB$;

$$\frac{DN}{AM} = \frac{CN}{CM} = \frac{NE}{MB} \qquad (9.1)$$

同样地,$\triangle DGN \backsim \triangle BGM$,$\triangle NGE \backsim \triangle MGA$:

$$\frac{DN}{MB} = \frac{NG}{GM} = \frac{NE}{AM} \qquad (9.2)$$

由式(9.1)、式(9.2),得

$$\frac{AM}{MB} = \frac{DN}{NE} = \frac{MB}{AM} \qquad (9.3)$$

所以 $AM = MB$,M 为 AB 的中点。

基本作图 2　如果已知线段 AB 及其中点 M,那么过直线 AB 外的任一点 D,可以作 AB 的平行线 l。

作法　可沿用图 9.1。

在直线 AD 上任取一点 C。

作直线 CM,CB,DB。

设 CM,DB 相交于 G。

作直线 AG 交 CB 于 E。

直线 DE 就是 AB 的平行线。

证　采用同一方法。

过 D 作 AB 的平行线,交 CB 于 E'。

作直线 AE',交 DB 于 G'。

作直线 CG',交 AB 于 M'。

由基本作图 1 中的证明,M' 是线段 AB 的中点,即 M' 与 M 重合。所以,直线 CG' 与 CG 重合,G' 与 G 重合,直线 AG 与 AG' 重合,即直线 AE 与 AE' 重合,E' 与 E 重合,DE 与 DE' 重合,因此 $DE /\!/ AB$。

这两个基本作图应用广泛。

例 9.1　已知一条线段 AB 及其中点 M,仅用直尺,将 AB 延长到 C,使 $BC = AB$。

作法

首先,由基本作图 2,可以作 AB 的平行线 l。

在直线 AB 与 l 外任取一点 D,直线 DA,DM,DB 分别交 l 于 E,N,F。

作直线 BN 交 AD 于 G。

过 G,F 作直线,交直线 AB 于 C。

C 即为所求(图 9.2)。

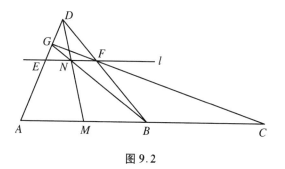

图 9.2

证　因为平行线 AC,EF 被 GA,GB,GC 所截,又被 DA,DB,DC 所截,所以

$$\frac{BC}{AB} = \frac{NF}{EN} = \frac{MB}{AM} = 1$$

即 $BC = AB$。

在上面的作图中,直线 l 上的线段 $EN = NF$,即 N 为 EF 的中点。

例 9.2　已知一条线段 AB 及其中点 M,仅用直尺,将 AB 延长到 B_n,使 $BB_n = nAB$,n 为任意自然数。

解　如例 9.1,作出 AB 的平行线 l 及 l 上的线段 EF 和 EF 的中点 N。作出 AB 延长线上的点 $C = B_1$,满足 $BB_1 = AB$。

用 B,B_1 代替 A,B_1 进行上面的作图,即作直线 BE,B_1N 相交于 G_1,作直线 G_1F 交 AB 于 B_2,则 $B_1B_2 = BB_1 = AB$。

再用 B_1,B_2 代替 B,B_1 进行上面的作图,如此继续下去,

得到 $B_3, B_4, \cdots, B_n$，满足

$$B_2 B_3 = B_3 B_4 = \cdots = B_{n-1} B_n = AB$$

从而 $BB_n = nAB$（图 9.3）。

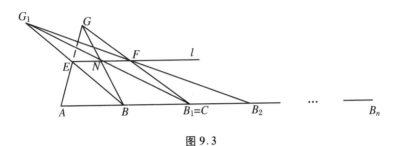

图 9.3

例 9.3　已知线段 AB 及其中点 M，试仅用直尺将 AB n 等分，n 为自然数。

解　如例 9.1，可以作出 AB 的平行线 l 以及 l 上的线段 EF。用例 9.2 的方法，可在 l 上作出 $F_1 = F, F_2, \cdots, F_n$，使得 $EF = FF_1 = F_1 F_2 = \cdots = F_{n-1} F_n$（即将例 9.2 中的 EF 作为 AB，而直线 AB 作为 l）。

作直线 $EA, F_n B$，相交于 P。

作直线 $PF_1, PF_2, \cdots, PF_{n-1}$，分别交 AB 于 $B_1, B_2, \cdots, B_{n-1}$（图 9.4），则

$$AB_1 = B_1 B_2 = B_2 B_3 = \cdots = B_{n-1} B = \frac{1}{n} AB$$

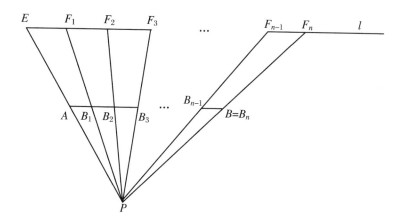

图 9.4

10 已知一个正方形

如果已知一个正方形 $ABCD$（图 10.1），不妨设它的边长为 1，仅用直尺可以完成哪些作图？

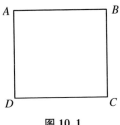

图 10.1

首先，我们可以连对角线 AC，BD。交点 O 是正方形 $ABCD$ 的中心，O 是线段 BD 的中点，由基本作图 1，我们可以过任一点作直线 BD 的平行线，特别地，可过 C 作 BD 的平行线 l，设 l 交 AD 于 E，交 AB 于 F，则

$$DE = AD, \quad BF = AB$$

从而又由基本作图 1，可过任一点作 AB 的平行线与 CD 的平行线（只要这点不在 AB 或 CD 上）（图 10.2）。

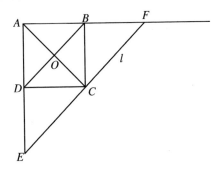

图 10.2

而且,我们可在直线 AD 上作出 $E_1 = E, E_2, E_3, \cdots$,满足 $DE_1 = E_1E_2 = E_2E_3 = \cdots$。

同样地,在射线 DA 上也可以作出间隔为 1 的点 $A = A_1, A_2, A_3, \cdots$。

类似地,对 AB 也有同样结果。

再过上述直线 AD 上的等分点来作 AB 的平行线,过直线 AB 上的等分点作 AD 的平行线。

这样,就形成通常坐标平面上的坐标网。如果取 D 为原点,直线 DC, DA 分别为 x 轴、y 轴,那么上面的直线就是

$$x = k \quad (k = 0, \pm 1, \pm 2, \cdots)$$

与

$$y = h \quad (h = 0, \pm 1, \pm 2, \cdots)$$

对任一条直线 l,设它与 $y = 0, y = 1, y = 2$ 相交于 P, Q, R,则 Q 为线段 PR 的中点,因此,由基本作图 1,对任一条直线 l 及 l 外的任一点 L,都可以过 L 作 l 的平行线(图 10.3)。

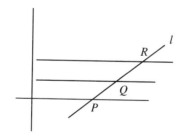

图 10.3

例 10.1　已知直线 l,点 L 在 l 上。试仅用直尺,过 L 作 l 的垂线。

作法　如图 10.4 所示,过 L 作 DC(已知正方形 $ABCD$ 的边)的平行线,在线上任取一点 M。

过 M 作 AD 的平行线交 l 于 P。

过 L 作 AD 的平行线,过 M 作 AC 的平行线,两线相交

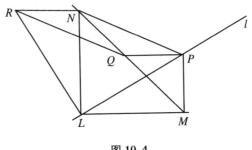

图 10.4

于 N。

过 P 作 LM 的平行线交 MN 于 Q。

连 PN。

过 N 作 PQ 的平行线,过 Q 作 PN 的平行线,相交于 R。

直线 LR 即为所求。

证　$RN /\!/ PQ /\!/ LM$,$LN \perp LM$,所以

$$\angle RNL = \angle PML = 90°$$

$\triangle LMN$ 是等腰直角三角形,$LN = LM$。

同样,$PQ = PM$,四边形 $NRQP$ 是平行四边形,$RN = QP = PM$。

所以 $\triangle LPM$ 绕 L 点旋转 $90°$ 就得到 $\triangle LNR$,从而

$$LR \perp LP$$

例 10.2　已知直线 l 及 l 外一点 L,作 l 的过 L 的垂线。

作法　过 L 作 l 的平行线 l',再用例 10.1 方法过 L,作 l' 的垂线 a,a 也是 l 的过 L 的垂线。

将已知正方形改为一已知的长方形,同样可作平行线与垂线。已知矩形也可改为已知菱形,因为菱形对角线互相垂直,作法同样成立。

但将已知正方形改为已知既非长方形,也非菱形的平行四边形,那么只能作平行线,不能作垂线。因为用一次平行射影,可将平行四边形仍变为平行四边形,但互相垂直的性质却不能

保持。

　　当然,已知一个平行四边形时,上一节的将线段 n 倍或 n 等分都仍可进行。

　　平行线作用很多,下面即是一例。

　　例 10.3　已知⊙O 及其直径 AB(但不知道圆心),试过已知点 P 作 AB 的垂线。

　　解　先设 P 不在⊙O 上,连 PA,若与⊙O 仅交于 A,则 PA 即为所求。

　　设 PA 交⊙O 于 C,PB 交⊙O 于 D,$AD \cap BC = H$,则 H 是△PAB 的垂心,$PH \perp AB$。

　　若 P 在⊙O 上,先在⊙O 外取一点 P_1,过 P_1 作 $l_1 \perp AB$,同样地,再作 $l_2 \perp AB$。有了一组平行线 l_1,l_2,便可过 P 作 l_1 的平行线即可。

　　当然,作出 l_1 后,也可设 l_1 交圆于 E,F,交 AB 于 G,则 G 为 EF 中点,由基本作图,可过 P 作 l_1 的平行线。

11 找圆心(二)

已知一个圆,要找它的圆心。

尺规合璧,这个问题很容易解决,初中生都应当会:在圆上任取三点 A,B,C,作线段 AB,BC 的中垂线 l_1,l_2,l_1 与 l_2 的交点 O 就是圆心(图 11.1)。

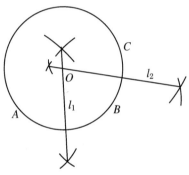

图 11.1

仅用中国传统的矩形角尺也能作出圆心,我看见一位木工师傅用这种方法定出圆心(图 11.2)。

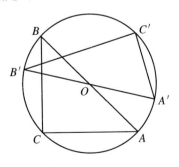

图 11.2

先将角尺的直角顶点 C 放在圆上，画出角尺的边 CA，CB，它们是圆的两条互相垂直的弦，连 AB，则 AB 为直径。

将角尺换一位置，近角顶点仍在圆上（圆中点 C'），又得一条直径 $A'B'$。

AB，$A'B'$ 的交点即圆心。

仅用圆规作图并不容易，这将在 28 节中解决。

仅用直尺不能作出圆心，这里暂且按下不表，下节再作介绍。

本节最后解决第 3 节遗留的问题。

例 11.1 已知 $\odot O_1$，$\odot O_2$ 外离及 O_1。求作 $\odot O_2$ 的圆心 O_2。

作法 过 O_1 任作两条直径 AA'，BB'，则四边形 $AB'A'B$ 是矩形。

直线 AB 交 $\odot O_2$ 于 C，D。

由第 10 节过 C 作 $CD' \parallel AB'$，交 $\odot O_2$ 于 D'，则
$$\angle DCD' = \angle BAB' = 90°$$
所以 DD' 是 $\odot O_2$ 的直径，过 O_2。

同样地，作 $DC' \parallel AB'$，交 $\odot O_2$ 于 C'，连 CC'。

CC' 与 DD' 的交点即 $\odot O_2$ 的圆心 O_2（图 11.3）。

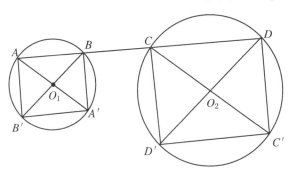

图 11.3

已知 $\odot O_1$，$\odot O_2$ 内含及 O_1，同样可作出另一个圆心 O_2。

例 11.2　已知两个圆外切于 A，但圆心均不知道，求作两圆的圆心。

解　过 A 作两条直线，分别交两圆于 B_1，C_1，B_2，C_2（如图 11.4 所示）。

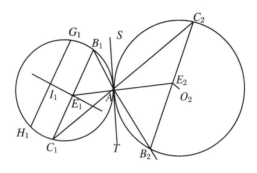

图 11.4

易知 $B_1C_1 /\!/ B_2C_2$（过 A 作公切线 ST，则 $\angle AC_1B_1 = \angle B_1AS = \angle B_2AT = \angle AC_2B_2$，这里的公切线 ST 只是证明的需要，不是本题作图的需要。如果你知道 $B_1C_1 /\!/ B_2C_2$ 怎么证，ST 不必画出）。

根据第 9 节的基本作图，由这组平行线，可以作出 B_1C_1 的中点 E_1，B_2C_2 的中点 E_2。再作与 B_1C_1 平行的弦 G_1H_1 及 G_1H_1 的中点 I_1。I_1E_1 过 $\odot O_1$ 的圆心 O_1。

同理，可作出另一条过 O_1 的直线，它与 I_1E_1 的交点为 O_1。同样可得 O_2。两圆内切的情况，作法同上。

12 球极射影

球极射影指以北极点 N 为端点,过球面上任一点 P,作射线 NP,交球在南极点 S 处的切平面 M 于 P'(图 12.1),称 P' 为 P 的球极射影。这在绘制地图时很常用。

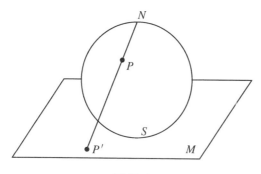

图 12.1

如果点 P 的集合在球上形成一个不过 N 点的圆,那么点 P' 的集合是否一定形成圆?

如果是,请给出证明。

如果不一定是,请举出反例。

连接南北极的线段 NS 是球的直径(图 12.2)。点 P 在球上,所以 $\angle SPN = 90° = \angle P'SN$:

$$NP' \times NP = NS^2 = (2r)^2 \qquad (12.1)$$

式中 r 为球的半径。

顺便说一下"反演",取一点 N 作为反演中心,正数 k 为反演幂,对任一点 P,在射线 NP 上取 P',满足

$$NP' \times NP = k \qquad (12.2)$$

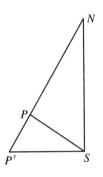

图 12.2

则称 P' 为 P 的反演。

　　式(12.1)中的 P' 就是 P 的反演,反演幂为 $(2r)^2$。

　　所以球极射影就是反演幂为 $(2r)^2$ 的反演,但球极射影只是将球面射影到切平面 M,而上述反演则是对空间中所有的点进行。反演有以下性质:

1. 反演将经过反演中心的球变为不经过反演中心的平面

　　如图 12.3 所示,设 N 为反演中心,NS 为球的直径,S' 在射线 NS 上,并且

$$NS \times NS' = k$$

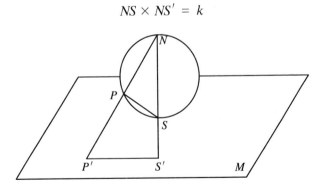

图 12.3

过 S' 作平面 $M \perp NS'$。

对球上任一点 P,设 P' 为 P 的反演,则
$$NP \times NP' = NS \times NS' = k \qquad (12.3)$$
从而 $\triangle NP'S' \backsim \triangle NSP$,$\angle NS'P' = \angle NPS = 90°$,即点 P' 在平面 M 上。

反之,若点 P' 在平面 M 上,NP' 交球于 P,则逆推上述过程可得式(12.3),即点 P' 为 P 的反演。

因此,反演将过 N 的球变为平面 M。

2. 反演将不经过反演中心 N 的球变为球

(1) 若反演幂 $k = N$ 对球 O 的幂,即 $NO^2 - r^2$,其中 O 为球心,r 为球半径。

这时,对球 O 上任一点 P,设 NP 又交球于 P',则 P 的反演为 P',P' 的反演为 P,球 O 的反演为自身。

(2) 若反演幂 $k \neq N$ 对球 O 的幂 k'(图 12.4)。

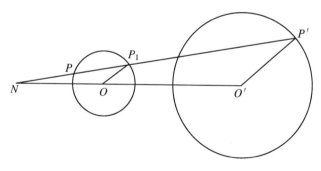

图 12.4

这时,对球 O 上任一点 P,设 NP 又交球 O 于 P_1,而点 P' 也在射线 NP 上,并且
$$NP \times NP' = k$$
则因为
$$NP \times NP_1 = k'$$

所以

$$\frac{NP'}{NP_1} = \frac{k}{k'}$$

从而 P' 在另一个球 O' 上，球 O' 与球 O 位似，以 N 为位似中心，$\dfrac{k}{k'}$ 为相似比 $\left(O'\text{ 在射线 } NO \text{ 上，且 } \dfrac{NO'}{NO} = \dfrac{k}{k'} \right)$。

3. 经过反演中心的平面，反演后仍是这个面；不经过反演中心的平面反演后变为经过反演中心的球（即第 1 款）

在球极射影时，球本身变为在南极处的切平面 M，通常称之为射影平面。

地球上的圆变成什么呢？

球面上的圆是一个平面 Q 与球的交线。

如果平面 Q 过北极，那么北极也就在这圆上，这时平面 Q 的球极射影是它本身，球的射影是平面 M，所以圆的射影是这平面 Q 与平面 M 的交线，即平面 M 上的一条直线。

如果平面 Q 不过北极，那么圆也不过北极。这时平面 Q 的球极射影是一个球 Q'，圆的射影是球 Q' 与平面 M 的交线，因而是一个圆。

于是我们获得球极射影的第一基本定理。

定理　球面上不过北极 N 的圆，球极射影后成为平面 M 上的圆，反之亦然。这里平面 M 是过南极的切平面，即射影平面。

球极射影也可以看成是以北极 N 为中心的中心射影，它将每一个点 P（不管是否在球面上）变为射影平面（即南极处的切平面）M 上的一个点 P'，P' 是直线 NP 与平面 M 的交点。

在这中心射影下，由第一基本定理，可知球面上不过 N 的 $\odot K$ 变为平面 M 上的 $\odot J$。但一般来说，$\odot K$ 的圆心 K，并不会变为 $\odot J$ 的圆心 J。

如图 12.5 所示，如果 K 的像 K' 是 $\odot J$ 的圆心 J，那么 $\odot K$ 的直径 AB 的像 $A'B'$ 过 K'，因而是 $\odot J$ 的直径，且 K' 为 $A'B'$

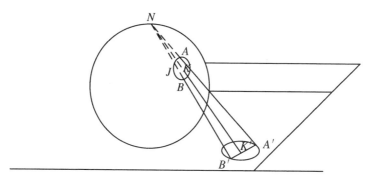

图 12.5

的中点,这时必有 $A'B'$ ∥ AB(设 $A'B'$ 不与 AB 平行,过 A 作
$A'B'$ 的平行线,分别交 NK,NB 于 K'',B'',则

$$\frac{AK''}{A'K'} = \frac{NK''}{NK'} = \frac{K''B}{K'B'}$$

K' 为 $A'B'$ 中点,所以 K'' 为 AB 中点,KK'' 是 △$AB'B''$ 的中位线
(图 12.6)。KK'' ∥ BB'',但 KK'' 交 BB'' 于 N,矛盾。

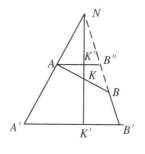

图 12.6

　　于是,当⊙K 的圆心 K 的射影 K' 仍为⊙J 的圆心时,每一
条⊙K 的直径 AB 与它的射影 $A'B'$ 平行,从而⊙K 所在的平面
与平面 M 平行。⊙K 就是地球上的纬线,换句话说:**球上的圆
如果不是纬线,那么射影后,圆心的像就不是圆心。**

本节的最后,介绍一个有趣的推论与一个新问题。

推论　已知平面上一个圆(显圆),但没有给出圆心,仅用直尺,不能作出这个圆心。

证　设这个圆的圆心为 K,$\odot K$ 所在平面为 Q。

$\odot K$ 也在一个球面上,过 K 作平面 Q 的垂线,在垂线上任取一点 O,不同于 K。以 O 为球心,O 到 $\odot K$ 上任一点 A 的距离 OA 为半径作球,$\odot K$ 就是这球上的一个圆。

球 O 与直线 OK 有两个交点,在球 O 上取一点 N 与这两点不同,将 N 作为上面说的北极。

如果在平面 Q 上,可以仅用直尺作出 $\odot K$ 的圆心 K,那么以 N 为中心,作上述中心射影,将有关的作图轨迹射影到射影平面 M(在南极的切平面)上,根据前面所说,$\odot K$ 的射影是一个圆,即 $\odot J$。

在平面 M 上,依照与平面 Q 上作出 K 的,仅用直尺的作图,即依照有关轨迹的射影作图,应当得出 $\odot J$ 的圆心 J。

但在平面 M 上,依照这样作图得出的是 K 的射影 K'。

因为北极 N 不在直线 OK 上,平面 Q 不与 ON 垂直,$\odot K$ 不是纬线,所以 K' 并非 $\odot J$ 的圆心 J。

因此,仅用直尺不能作出 $\odot K$ 的圆心 K。

问题　如果球面上的 $\odot K$,经上述中心射影后,所得的圆为 $\odot J$,而 J 不是 K 的射影,那么它应当是什么点的射影?

OK 与球 O 的交点,称为 $\odot K$ 的极,似乎这极可充作上述问题的候选者,然而它却不是正确的答案。

大家想想,应当是什么点?

我就此顺便编了一道题。

如图 12.7 所示,已知 $\odot O$ 的直径 AB,弦 CD。AC,AD 分别交 B 处切线 l 于 E,F。C 处切线、D 处切线相交于 G,AG 交 l 于 H。

求证:H 为 EF 中点。

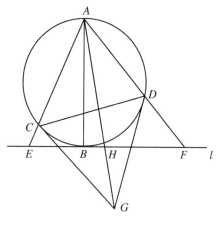

图 12.7

这题的证法很多,以金磊老师的证法最为简单:

$$H \text{ 平分 } EF \Leftrightarrow S_{\triangle GEA} = S_{\triangle AGF}$$

$$\Leftrightarrow AE \times GC\sin\angle GCE = AF \times GD \times \sin\angle GDF$$

$$\Leftrightarrow AE\sin\angle ABC = AF\sin\angle ABD$$

$$\Leftrightarrow AE\sin E = AF\sin F。$$

最后一式显然成立,所以 H 是 EF 的中点。

于是可以回答前面的问题。

过 $\odot K$ 上的每一点,作球 O 的切线,这些切线形成一个锥面(好像小丑的帽子),设锥顶为 I,过直线 ON。点 I 作平面 S。

在平面 S 上,得到图 12.7,其中 A 即北极 N,G 即 I,CD 为 $\odot K$ 的直径,H 为 I 的像,E,F 分别为 C,D 的像。H 为 EF 中点,即 H 是 $\odot J$($\odot K$ 的像)的圆心。

小丑帽的帽尖成了圆心。

在第 21 节我们会给出仅用直尺不能作出圆心的另一个证明。

13   一道征解题

下面是笔者出的一道征解题,不难。

如图 13.1,梯形 $ABCD$ 中,$AD \parallel BC$,$\angle ABD = 10°$,$\angle DBC = 20°$,$\angle ACB = 50°$,求 $\angle BDC$。

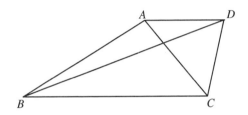

图 13.1

先给一个纯几何的证明(这证明基本上是吴肇基学长的)。

$$\angle BAC = 180° - 50° - (10° + 20°) = 100°$$

如图 13.2,在 $\angle BAC$ 内作 $\angle BAF = 10°$,AF 交 BD 于 F。又作 $\angle CAE = 30°$,AE 交 BC 于 E。

$$\angle AFD = \angle ABD + \angle BAF = 20° = \angle DBC = \angle ADB$$

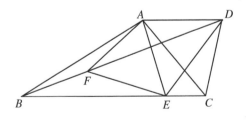

图 13.2

所以

$$\angle AEB = \angle CAE + \angle ACB = 80°$$

$$\angle AFB = 180° - 10° - 10° = 160° = 2\angle AEB$$

又由 $\angle ABD = \angle DAF = 10°$，得 $FA = FB$。

所以 E 在以 F 为圆心，FA 为半径的圆上，

$$\angle AFE = 2\angle ABE = 60°, \quad FE = FA$$

$\triangle AFE$ 是正三角形，$AE = AF = AD$。

$$\angle EAD = \angle EAC + \angle CAD = \angle EAC + \angle ACB$$
$$= 30° + 50° = 80°$$

所以

$$\angle AED = \frac{1}{2} \times (180° - 80°) = 50°$$

$$\angle DEC = 180° - \angle AED - \angle AEB$$
$$= 180° - 50° - 80° = 50° = \angle ACB$$

从而梯形 $AECD$ 是等腰梯形：

$$\angle ADC = \angle EAD = 80°$$

$$\angle BDC = 80° - \angle ADB = 80° - 20° = 60°$$

三角的解法很多，但大多较繁。写此书时想到一个解法：

转而考虑如下问题：在如图 13.3 所示的梯形 $ABCD$ 中，$AD \parallel BC$，$\angle ABC = 30°$，$\angle ACB = 50°$，$\angle ACD = 50°$，求 $\angle ADB$。

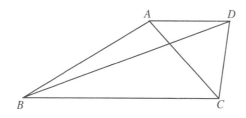

图 13.3

作 $AG \parallel CD$，交 BC 于 G，易知四边形 $AGCD$ 是菱形，$\angle GAD = 100°$，$\angle AGD = 40°$（图 13.4）。

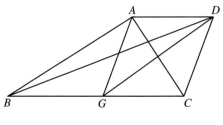

图 13.4

由正弦定理得

$$\frac{DG}{AG} = \frac{\sin 100^\circ}{\sin 40^\circ} = \frac{\sin 80^\circ}{\sin 40^\circ} = 2\cos 40^\circ$$

$$\frac{BG}{AG} = \frac{\sin 50^\circ}{\sin 30^\circ} = 2\sin 50^\circ = 2\cos 40^\circ$$

所以

$$DG = BG$$

$$\angle ADB = \angle DBG = \frac{1}{2}\angle DGC = 20^\circ$$

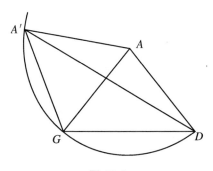

图 13.5

于是图 13.3 与图 13.1 其实是同一张图,所以

$$\angle BDC = \angle ADC - \angle ADB = 80^\circ - 20^\circ = 60^\circ$$

其实,后一个证明也可以不用三角方法。以 A 为圆心,AG 为半径作圆。又作 $\angle DGA' = 100^\circ = \angle AGB = \angle AGD + 60^\circ$,与

GA' 交圆于 A'（图 13.5）。这时 $\triangle AGA'$ 是正三角形，$A'G = AG$，有

$$\angle GA'D = \frac{1}{2}\angle GAD = 50° = \angle GAB$$

$$\triangle A'GD \cong \triangle AGB$$

$$GD = GB$$

图 13.6 中的各个角都是已知的，如果隐去一些就可以成为一个新的问题。

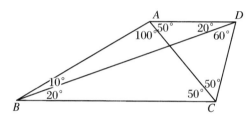

图 13.6

本节虽无仅用直尺的作图，却为下面两节作了准备。

14 又一道征解题(一)

我曾在网上出过一道征解题：

已知正三角形 ABC 及其外心 O，点 Q 在 BO 的延长线上，并且 $\angle QCB = 50°$（图 14.1）。问：有多少个点 P，满足
$$\angle PQC = \angle PCQ = \angle PBQ?$$
它们能否仅用直尺作出？若能，写出作法，给出证明；若不能作出，说明不能作的理由。

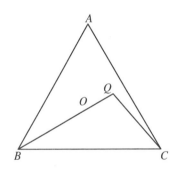

图 14.1

解 连 OC（图 14.2）。

作直线 AQ，交 OC 于 P，则 P 即是一个解。

证明不难，$\angle PCQ = \angle BCQ - \angle BCO = 50° - 30° = 20°$。

由 A，C 关于 BO 对称，
$$\angle QAC = \angle QCA = 60° - 50° = 10°$$
$$\angle PQC = \angle QAC + \angle QCA = 20° = \angle PCQ$$
由 B，A 关于 CO 对称，
$$\angle PBC = \angle PAC = 10°$$

$$\angle PBQ = \angle CBO - \angle PBC = 30° - 10° = 20°$$

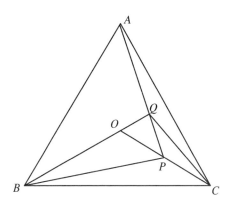

图 14.2

现在,我们证明在 $\triangle QBC$ 内仅有一个解。

如图 14.3 所示,假设 P_1, P_2 两点均是解,

$$\angle P_i CQ = \alpha_i \quad (i = 1,2), \alpha_2 > \alpha_1$$

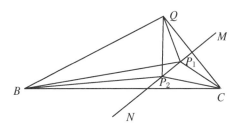

图 14.3

则 P_1, P_2 都在 QC 的中垂线 MN 上,并且

$$\angle P_2 Q P_1 = \angle P_2 B P_1 = \alpha_2 - \alpha_1$$

所以 P_2, B, Q, P_1 四点共圆,

$$\angle M P_1 Q = \angle P_2 B Q = \alpha_2$$

但 $\angle M P_1 Q = 90° - \alpha_1$,所以

$$\alpha_1 + \alpha_2 = 90°$$

这与 $\alpha_1 < \alpha_2 < \angle CBQ = 30°$ 矛盾。所以在 $\triangle QBC$ 内仅有一解。

下面讨论在 $\triangle QBC$ 外的解 P'，先设 P' 与 B 在 QC 同侧。

P' 点必在 CQ 的中垂线 MN 上。由上面的作法，MN 上已有一点 P，只需找出 CQ 的中点 E，则直线 PE 就是 MN。

如图 14.4 所示，为了定出 CQ 中点 E，先延长 AO 交 BC 与 A_1，则 A_1 为 BC 中点。同样，得 B_1，C_1。连 A_1C_1 交 BB_1 于 H，则因为 $A_1C_1 /\!/ CA$，所以 H 为 BB_1 中点。

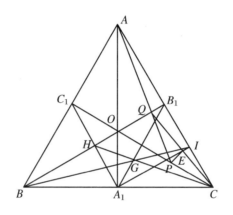

图 14.4

连 CH，A_1B_1，相交于 G，则 G 为 $\triangle B_1BC$ 的重心。

过 B，G 作直线，交 B_1C 于 I，则 I 为 B_1C 的中点。

连 A_1I，交 CQ 于 E，则 E 为 CQ 中点。

直线 PE 即 CQ 的中垂线，P' 点必须在这中垂线上。但究竟在哪里？如果仅用直尺作图，它还应当在另一条直线上，是哪一条直线呢？怎样作图？怎样证明？

这些问题，且看下节分解。

15　又一道征解题(二)

　　在上一节的问题中,得到 P 点后,连 BP,交 AO 延长线于 Q'。因为直线 CP 是△ACB 的对称轴,Q' 与 Q 关于 CP 对称,所以 $QQ' /\!/ AB$。

　　如图 15.1 所示,设 QQ' 交△ABC 的外接圆于 K,则
$$\angle AKB = \angle ACB = 60°$$

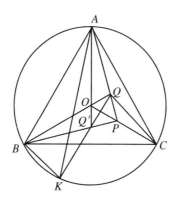

图 15.1

　　梯形 $AQ'KB$ 正是第 13 节所说的那个梯形($\angle Q'AB = 30°$,$\angle Q'BA = \angle QAB = \angle QCB = 50°$,$\angle BKA = 60°$),所以
$$\angle AKQ' = \angle BAK = 20°$$
　　因为 $QQ' /\!/ AB$,所以 $\angle BQK = \angle ABQ = 30°$,从而
$$\angle KBQ = 180° - 30° - (60° + 20°) = 70°$$
而
$$\angle KQC = \angle BQC - \angle BQK = 100° - 30° = 70°$$
$$\angle KCQ = \angle KCB + \angle BCQ = \angle BAK + 50° = 70°$$

所以 K 就是我们上一节中要找的 P'。

但这个 P' 是 QQ' 与 $\odot O$ 的交点。而 $\odot O$ 并未在已知中给出实体的显圆中,也无法仅用直尺作出。

然而 $\angle KCQ = \angle KQC$,所以 K 在上一节的中垂线 EP 上。

EP,QQ' 均可仅用直尺作出,从而它们的交点 P'(即 K)也可以仅用直尺作出(P' 是 EP,QQ',$\odot O$ 的公共点)。

那么,$\odot O$ 有什么用呢?

我们利用 $\odot O$ 证明了 $\angle KBQ = \angle KCQ = \angle KQC = 70°$。

还有一个问题:在 $\triangle BQC$ 外,有无另一个点 P'_2 与 B 在直线 QC 的同侧并且也满足要求?

没有了!若 P'_2 满足要求,记 $\angle P'_2 BQ = \alpha$,则与上一节 P 的唯一性的证明相同,应有

$$\alpha + 70° = 90°$$

但这与 $\alpha > 30°$ 不合。

最后,在直线 QC 的另一侧还有一点 P'' 满足

$$\angle P''QC = \angle P''CQ = \angle P''BQ$$

上式表明 B,Q,P'',C 四点共圆,

$$\angle P''BC = \angle P''QC = \angle P''CQ$$
$$= \angle P''BQ = \frac{1}{2}\angle QBC = 15°$$

这样的点 P'' 当然是唯一的。

如图 15.2 所示,P'' 是 MN(CQ 的中垂线)与 $\angle CBQ$ 的平分线的交点。

AO 与 BC 的交点 A_1 是 BC 的中点,由第 9 节的基本作图,可仅用直尺过 O 作 BC 的平行线交外接圆于 J,连 BJ,则

$$\angle JBC = \angle OJB = \angle OBJ = \frac{1}{2}\angle OBC = 15°$$

因此,如果已知有外接圆,那么仅用直尺可以作出 BJ,MN 及它们的交点 P''。

但如果已知中仅给出 $\triangle ABC$ 的外心 O,没有给出外接圆,

那么角平分线 BJ 无法作出,理由如下:

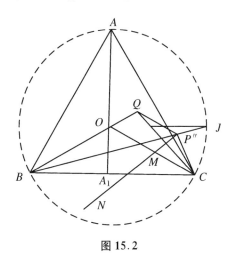

图 15.2

我们的作图是由有理点(坐标为有理数的点)出发的,O 可以算作原点,$\odot O$ 半径可以取作单位 1。$\triangle ABC$ 的顶点提供了 $60°$ 的角及其正、余弦,从而得到无理数 $\dfrac{\sqrt{3}}{2}$。将它加到有理数系中,实现了有理数域的二次扩张。但 $15°$ 的余弦需要再一次的二次扩张$\left(\cos 15°\ \text{是}\ 2x^2 - 1 = \dfrac{\sqrt{3}}{2}\ \text{的根}\right)$。如果没有 $\odot O$ 就不可能实现。即使添加点 Q,又多了 $50°$ 的角(或者说增加了 $10°,20°$ 的角),而这是一个三次扩张:

$$2 \times 3 = 6$$

加入 $60°$ 的正弦,加入点 Q 的坐标,使有理数域 6 次扩张。但这 6 次扩张,并不包括加入 $60°,15°$ 的正弦的($2 \times 2 =$)4 次扩张。因此仅用直尺作不出 BJ(直尺作图不能使域扩张,这里的域是所作点的坐标所组成的域)。

所以仅在 $\odot O$ 及其圆心 O 均给出时,才能仅用直尺作出第三个点 P''。

16 仿 射 变 换

在第 7 节,我们谈到从平面 M 到平面 M' 的平行射影,它们是这两个平面之间的一一对应,其具有以下特点:

(1) 保素性,即点变为点,直线变为直线,而且点与直线的关系保持不变。

(2) 对一条直线上的三个点,简单比保持不变,即设 A, B, C 是平面 M 中三个共线的点,A', B', C' 是它们在平面 M' 中的平行射影,则

$$(ABC) = (A'B'C')$$

这里

$$(ABC) = \frac{AC}{BC}$$

如果保持着平面 M 与 M' 之间的对应关系,同时移动 M,使它与 M' 重合为一个平面,这就变为平面 M(也就是平面 M',二者已合二为一)自身的一一对应,而且保持上述(1)、(2)两条性质。这样的对应称为(平面 M 的)仿射变换。

例如(以下均是平面 M 上的平面几何):

1. 平移

将每个点 A 沿一固定向量 v 平行移动,变为 A'(图 16.1)。

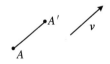

图 16.1

2. 旋转

将每个点 A 绕一固定点 O 按逆时针方向旋转一固定角 α，变为 A'（图 16.2）。

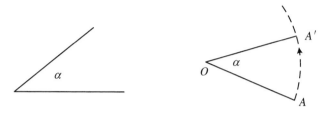

图 16.2

3. 轴对称

将每个点 A，关于一条固定直线 l 作轴对称，变为 A'（图 16.3）。

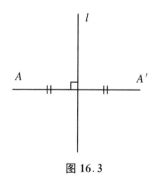

图 16.3

这些都是特殊的仿射变换，称为全等变换或运动。

4. 位似

取定一点 O 为位似中心，对任一点 A，在直线 OA 上取 A'，使 $OA' = k \cdot OA$（k 为一固定的非零实数），称为相似比（图 16.4）。

注意 k 可正可负。位似也是仿射变换。

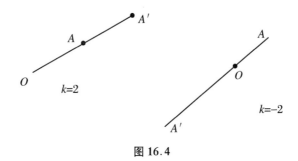

图 16.4

5. 不动

每个点都变为自身，当然也是仿射变换，通常称"不动"为恒等变换。

上述变换都是可逆的。设点 A 变为点 A'，反之，将点 A' 变为 A 的变换称为（将 A 变为 A' 的变换的）逆变换。

例如，在图 16.4 所示的左图（$k=2$），逆变换就是仍以 O 为位似中心，$\frac{1}{2}$ 为相似比的位似变换。

连续作两个或更多个仿射变换，结果仍是仿射变换（仍具有上述性质（1）、（2）），所以不难证明仿射变换全体是一个代数学中所说的群。

因为仿射变换是一一对应的，所以在 $a /\!/ b$ 时，a 的像 a' 与 b 的像 b' 一定平行。否则使 $a' \cap b' = J$，则 J 在 a' 点的原像 I 必在 a 上，同理 I 必在 b 上，I 是 a 与 b 的交点，这与 $a /\!/ b$ 矛盾。

所以平行线变为平行线，平行四边形变为平行四边形。

例 16.1　设 $a /\!/ b$，A，B 在 a 上，C，D 在 b 上，A，B，C，D 经仿射变换，变为 A'，B'，C'，D'。证明：

$$\frac{AB}{CD} = \frac{A'B'}{C'D'} \tag{16.1}$$

证　连 AC，完成 $\square ACDE$，E 在 AB 上，E 的像为 E'，E' 在

$A'B'$ 上(图 16.5)。

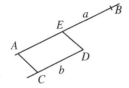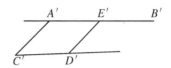

图 16.5

由上面所说 E' 与 A',C',D' 构成平行四边形。

由于简单比不改变,所以

$$\frac{A'B'}{A'E'} = \frac{AB}{AE}$$

即式(16.1)成立。

例 16.2　求证:先作一次绕 O 点的旋转(旋转角为 α),再作一次平移(平移向量为 $\boldsymbol{a}$),等于作一次旋转。

解　设 $OO'' = \boldsymbol{a}$,即 O 平移 $\boldsymbol{a}$ 后变为 O''。作 $\angle O''OI = \angle OO''I = \dfrac{180° - \alpha}{2}$,得到等腰三角形 IOO''(图 16.6)。

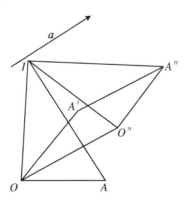

图 16.6

我们证明 I 就是新的一次旋转的旋转中心。

事实上，设点 A 绕 O 旋转 α 变为 A'，A' 平移 a 变为 A''，则四边形 $OO''A''A'$ 是平行四边形，有

$$O''A'' = OA' = OA$$

$$\angle IO''A'' = 180° - \angle A'OO'' - \angle OO''I$$

$$= 180° - \angle A'OO'' - \frac{1}{2}(180° - \alpha)$$

$$= \frac{1}{2}(180° + \alpha) - \angle A'OO''$$

$$= \angle IOO'' + \alpha - \angle A'OO''$$

$$= \angle IOA$$

所以 $\triangle IO''A'' \cong \triangle IOA$，

$$IA'' = IA$$

并且 $\angle AIA'' = \angle OIO'' = \alpha$，即点 A 绕 I 旋转 α 变成 A''。

下面看一看在坐标系中，九种仿射变换的表示。

设点 $A(x, y)$ 变为点 $A'(x', y')$。

1. 恒等变换（不动）

$$\begin{cases} x' = x \\ y' = y \end{cases}$$

2. 平移

设平移向量为 $a = (c, d)$，则

$$\begin{cases} x' = x + c \\ y' = y + d \end{cases}$$

3. 旋转

设绕原点 O 逆时针旋转 α 角，则

$$\begin{cases} x' = x\cos \alpha - y\sin \alpha \\ y' = x\sin \alpha + y\cos \alpha \end{cases}$$

4. 对称

（1）对称轴为 $x = c$，则

$$\begin{cases} x' = 2c - x \\ y' = y \end{cases}$$

（2）对称轴为 $y = d$,则

$$\begin{cases} x' = x \\ y' = 2d - y \end{cases}$$

（3）对称轴为一次方程的直线 $ax + by + c = 0 (a^2 + b^2 = 1)$,则比较复杂,我们不作详细讨论。所以通常将对称轴选为前两种为宜。

5．位似

设位似中心为 (x_0, y_0) ,相似比为 $k (\neq 0)$,则

$$\begin{cases} x' - x_0 = k(x - x_0) \\ y' - y_0 = k(y - y_0) \end{cases}$$

位似变换结合旋转、平移,便得到相似变换。

6．压缩

压缩也是一种常见的仿射变换,对应关系是

$$\begin{cases} x' = kx \\ y' = y \end{cases}$$

或

$$\begin{cases} x' = x \\ y' = ky \end{cases}$$

这里, k 是正数。若 $k > 1$ 实际上是拉伸。

最典型的就是将圆

$$x^2 + y^2 = a^2$$

经过压缩变换

$$\begin{cases} x' = x \\ y' = \dfrac{b}{a}y \end{cases}$$

变为椭圆

$$\frac{x'^2}{a^2} + \frac{y'^2}{b^2} = 1$$

从上面的例子可以看出仿射变换的变换式都是

$$\begin{cases} x' = a_1 x + b_2 y + c_1 \\ y' = a_2 x + b_2 y + c_2 \end{cases} \tag{16.2}$$

的形式,其中 $a_i, b_i, c_i (i = 1, 2)$ 为常数,并且

$$\begin{vmatrix} a_1 & b_1 \\ a_2 & b_2 \end{vmatrix} \neq 0 \tag{16.3}$$

在原点固定时,式(16.2)成为

$$\begin{cases} x' = a_1 x + b_1 y \\ y' = a_2 x + b_2 y \end{cases} \tag{16.4}$$

我们证明形如式(16.2)、式(16.4)的线性(一次)变换一定是仿射变换。显然式(16.2)、式(16.4)将点变成点。若 (x, y) 在直线

$$ax + by + c = 0 \tag{16.5}$$

上,那么取方程组

$$\begin{cases} a_1 a' + a_2 b' = a \\ b_1 a' + b_2 b_1' = b \end{cases} \tag{16.6}$$

的解为 (a', b') (因为式(16.3),所以式(16.6)有非零解),则

$$\begin{aligned} a' x' + b' y' &= a'(a_1 x + b_1 y + c_1) + b'(a_2 x + b_2 y + c_2) \\ &= (a_1 a' + a_2 b')x + (b_1 a' + b_2 b_1')y + c' \\ &= ax + by + c' \\ &= c' - c \end{aligned}$$

即 (x', y') 在直线

$$a' x' + b' y' + (c - c') = 0$$

上。再证明简单比不变。

设点 $A(x_1, y_1), B(x_2, y_2), C(x_3, y_3)$ 在一条斜率为 k 的直线上,则

$$y_2 - y_1 = k(x_2 - x_1)$$

$$AB = \sqrt{(x_2 - x_1)^2 + (y_2 - y_1)^2}$$
$$= \sqrt{1 + k^2} \cdot |x_2 - x_1|$$

同样

$$BC = \sqrt{1 + k^2} |x_3 - x_2|$$
$$\frac{AB}{BC} = \frac{|x_2 - x_1|}{|x_3 - x_2|}$$

而

$$x'_2 - x'_1 = a_1(x_2 - x_1) + b_1(y_2 - y_1)$$
$$= (a_1 + b_1 k)(x_2 - x_1)$$
$$x'_3 - x'_2 = (a_1 + b_1 k)(x_3 - x_2)$$

所以

$$\frac{A'B'}{B'C'} = \frac{|x_2 - x_1|}{|x_3 - x_2|} = \frac{AB}{BC}$$

（为简单起见,这里取 AB, BC 均为正值,而 k 为非零常数,其他情况同样成立,不一一罗列。）

所以形如 4 中的(1)、(3)的线性变换的确是仿射变换。

反之,仿射变换也一定是(1)、(3)的线性变换。

首先,我们指出平面上的仿射变换由不共线的三点 A, B, C 的像 A', B', C' 唯一确定(图 16.7)。

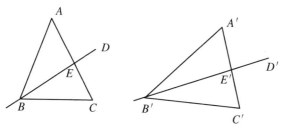

图 16.7

事实上,对任一点 D,连直线 BD,交 AC 于 E,由于比(AEC)不变,所以 E' 点在 $A'C'$ 上唯一确定。再由(BED)不变,

D' 在直线 $B'E'$ 上也唯一确定。

不妨设原点 O 不变,而 $A(x_1,y_1)$,$B(x_2,y_2)$ 变为 $A'(x_1',$ $y_1')$,$B'(x_2',y_2')$。又设 O,A,B 不共线,即

$$\begin{vmatrix} x_1 & y_1 \\ x_2 & y_2 \end{vmatrix} \neq 0$$

由方程组

$$\begin{cases} x_1' = a_1 x_1 + b_1 y_1 \\ x_2' = a_1 x_2 + b_1 y_2 \end{cases}$$

可定出 a_1,b_1(不全为 0)。由方程组

$$\begin{cases} y_1' = a_2 x_1 + b_2 y_1 \\ y_2' = a_2 x_2 + b_2 y_2 \end{cases}$$

可定出 a_2,b_2。

所以这仿射变换由

$$\begin{cases} x' = a_1 x_1 + b_1 y_1 \\ y' = a_2 x_2 + b_2 y_2 \end{cases}$$

给出。

上述坐标表示有很多用途,例如,可以证明 $\triangle OAB$ 的面积经过仿射变换(16.4)是原来的面积乘以一个常数。在仿射变换下,只有一组原来互相垂直的方向仍保持垂直等。

例如,$A(x_1,y_1)$,$B(x_2,y_2)$ 变为 $A'(x_1',y_1')$,$B'(x_2',y_2')$,而 O 不变,则

$$S_{\triangle OA'B'} = \frac{1}{2} \begin{vmatrix} 1 & 0 & 0 \\ 1 & x_1' & y_1' \\ 1 & x_2' & y_2' \end{vmatrix}$$

$$= \frac{1}{2} \begin{vmatrix} 1 & 0 & 0 \\ 1 & a_1 x_1 + b_1 y_1 & a_2 x_1 + b_2 y_1 \\ 1 & a_1 x_2 + b_1 y_2 & a_2 x_2 + b_2 y_2 \end{vmatrix}$$

$$= \frac{1}{2}\left(\begin{vmatrix} 1 & 0 & 0 \\ 1 & a_1 x_1 & b_2 y_1 \\ 1 & a_1 x_2 & b_2 y_2 \end{vmatrix} + \begin{vmatrix} 1 & 0 & 0 \\ 1 & b_1 y_1 & a_2 x_1 \\ 1 & b_1 y_2 & a_2 x_2 \end{vmatrix} \right)$$

$$= \frac{1}{2}\left(a_1 b_2 \begin{vmatrix} 1 & 0 & 0 \\ 1 & x_1 & y_1 \\ 1 & x_2 & y_2 \end{vmatrix} - b_1 a_2 \begin{vmatrix} 1 & 0 & 0 \\ 1 & x_1 & y_1 \\ 1 & x_2 & y_2 \end{vmatrix} \right)$$

$$= \begin{vmatrix} a_1 & b_1 \\ a_2 & b_2 \end{vmatrix} S_{\triangle OAB}$$

17　几道尺规作图题

本节介绍几道尺规作图题

例 17.1　如图 17.1 所示，试在直线 l 上找到一点 P，使它到两个已知点 A，B 的距离之和为定长 $2a$。

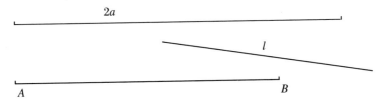

图 17.1

我在网上公布这道题（其实是一道陈题）后，有人立即说太容易了。P 点在以 A，B 为焦点，长轴为 $2a$ 的椭圆上，这道题不过是求椭圆与直线 l 的交点。

是的，这道题是在求椭圆交 l 的交点。但用直尺与圆规（不是椭圆规！），该怎么做呢？

这位朋友说很容易，但却迟迟未能提供作图方法。看来，这题并不是想像中的那么容易。我在《数学随笔》一书中已写过一次，但很多人未曾见到。这里再配合压缩变换，重写一次（叙述稍有不同）。

如图 17.2 所示，先以 AB 中点 O 为圆心，a 为半径作一圆。如果以 O 为原点，AB 为 x 轴，这圆方程为

$$\frac{x^2}{a^2} + \frac{y^2}{a^2} = 1 \tag{17.1}$$

而以 $2a$ 为长轴，A，B 为焦点的椭圆，方程为

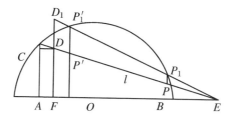

图 17.2

$$\frac{x^2}{a^2} + \frac{y^2}{b^2} = 1 \qquad (17.2)$$

其中, $b^2 = a^2 - c^2$, $c = OA$。

过 A 作垂线,交 $\odot O$ 于 C,则

$$AC = \sqrt{OC^2 - OA^2} = b$$

过 C 作 AB 的平行线,交 l 于 D,设 D 在 AB 上投影为 F。在直线 DF 上取 D_1,使 $D_1F = a$。

设 l 交 AB 于 E,过 D_1, E 作直线,交 $\odot O$ 于 P_1, P_1'。

过 P_1, P_1' 作 AB 的垂线,交 DE 于 P, P'。

P, P' 即为所求。

证 经过压缩 $\left(x = \dfrac{b}{a}x_1, y = y_1\right)$,直线 D_1E 变成 l, D_1E 与圆的交点 P_1, P_1' 变成 P, P'(l 与图 17.2 中椭圆的交点)。

例 17.2 已知线段 c, $\angle AOB$ 及角内一点 P(图 17.3)。求作过 P 的直线分别交 OA, OB 于 M, N,满足 $OM - ON = c$。

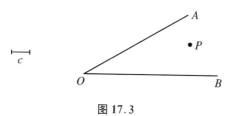

图 17.3

分析　假设图已作好,设 $ON = x$,则 $OM = x + c$。

过 P 作 $PE \parallel OB$,交 OA 于 E;又作 $OF \parallel OA$,交 OB 于 F(图17.4)。设 $PE = a$,$PF = b$,则

$$\frac{a}{x} + \frac{b}{x + c} = \frac{MP}{MN} + \frac{NP}{MN} = 1$$

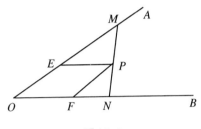

图 17.4

所以

$$x(x + c) = a(x + c) + bx$$

$$x^2 + (c - a - b)x - ac = 0$$

$$x = \frac{a + b - c + \sqrt{(a + b - c)^2 + 4ac}}{2} \quad (\text{只取正值})$$

$ON = x$ 可仅用圆规、直尺作出,问题可解。

作法　(1) 依照分析所说,在图17.5中作出分别与 OM,ON 平行的线段

$$PE = a$$

$$PF = b$$

(2) 在图17.6中,以长 $a + c$ 为直径作圆($GH = c$,$HI = a$),再过 H 作 GI 的垂线,得弦 $JK = 2\sqrt{ac}$。

(3) 在图17.7中,以 $a + b - c$ 为一条直角边,$2\sqrt{ac}$ 为另一条直角边,作直角三角形。

(4) 将上述直角三角形的斜边 RS 延长到 T,使 $ST = a + b - c$。

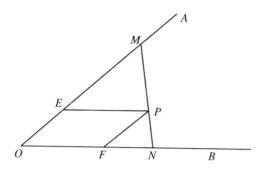

图 17.5

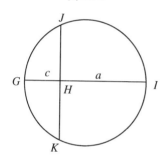

图 17.6

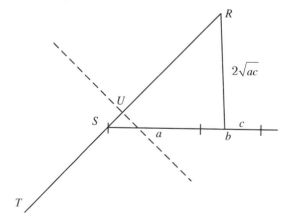

图 17.7

(5) 平分 RT，设 U 为 RT 中点，则

$$RU = \frac{a + b - c + \sqrt{(a + b - c)^2 + 4ac}}{2}$$

(6) 在图 17.5 中，在 OB 上截取 $ON = RU$。

(7) 过 N, P 作直线，交 OA 于 M。

例 17.3　如图 17.8 所示，已知一圆及线段 h。求作圆内接等腰三角形，使腰上的高为 h。

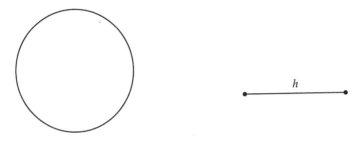

图 17.8

分析　如图 17.9 所示，设 $\triangle ABC$ 为所求作的等腰三角形，腰 AC 上的高 $BD = h$。又设圆直径为 d，则

$$BC = d \sin A = d \sin 2C$$
$$BD = h = d \sin 2C \sin C = 2d(\sin^2 C \cos C)$$

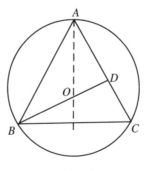

图 17.9

设 $x = \sin C$，则

$$x^2 \sqrt{1 - x^2} = \frac{h}{2d}$$

设 $x^2 = t$，则

$$t^2(1 - t) = m \quad \left(m = \left(\frac{h}{2d} \right)^2 \right) \tag{17.3}$$

但式(17.3)是三次方程，一般无有理根，所以本题无法尺规作图。

18 交 比

设 P, Q, R, S 为同一条直线上的四个点（顺序任意）。

我们知道，简单比

$$(PQR) = \frac{PR}{QR}$$

而

$$(PQS) = \frac{PS}{QS}$$

称这两个简单比的比

$$\frac{(PQR)}{(PQS)} = \frac{PR}{QR} : \frac{PS}{QS} = \frac{PR \times QS}{QR \times PS}$$

为四个点 P, Q, R, S 的交比（cross ratio），记为 $(PQRS)$，即

$$(PQRS) = \frac{(PQR)}{(PQS)} = \frac{PR \times QS}{QR \times PS} \tag{18.1}$$

显然交比有以下性质：

(1) 交换两个点对 PQ 与 RS，交比不变，即

$$(PQRS) = (RSPQ) = \frac{RP}{SP} : \frac{RQ}{SQ}$$

(2) 同时交换每个点对里的两个字母，交比不变，即

$$(PQRS) = (QPSR) = \frac{QS}{PS} : \frac{QR}{PR}$$

(3) 交换一个点对里的字母，交比变为原来的倒数，即

$$(PQSR) = (QPRS) = \frac{1}{(PQRS)}$$

(4) 交换两端的两个点或变换中间的两点，交比变为 1 减去原来的值，即

$$(PRQS) = (SQRP) = 1 - (PQRS)$$

于是,设$(PQRS)=\lambda$,则有

$$(PQRS)=(QPSR)=(RSPQ)=(SRQP)=\lambda$$

$$(PSRQ)=(QRSP)=(RQPS)=(SPQR)=\frac{1}{\lambda}$$

$$(PRQS)=(QSPR)=(RPSQ)=(SQRP)=1-\lambda$$

$$(PSQR)=(QRPS)=(RQSP)=(SPRQ)=\frac{1}{1-\lambda}$$

$$(PRSQ)=(QSRP)=(RPQS)=(SQPR)=1-\frac{1}{\lambda}$$

$$(PQSR)=(QPRS)=(RSQP)=(SRPQ)$$
$$=1-\frac{1}{1-\lambda}=\frac{-\lambda}{1-\lambda}$$

即在$4!=24$个交比中,只有6个不同的值。

交比有一个极其重要的性质,称为交比的不变性。

定理 如图18.1所示,过直线l,l'外的一点O,作直线分别交l,l'于P,P',Q,Q',R,R',S,S',则有

$$(PQRS)=(P'Q'R'S') \tag{18.2}$$

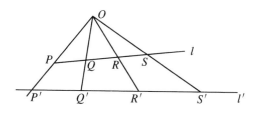

图18.1

证明 由正弦定理

$$\frac{PQ}{\sin\angle POQ}=\frac{OP}{\sin\angle PQO}$$

$$\frac{QR}{\sin\angle QOR}=\frac{OR}{\sin\angle OQR}$$

所以

$$\frac{PQ}{QR} = \frac{\sin \angle POQ}{\sin \angle QOR} \times \frac{OP}{OR}$$

同理

$$\frac{PS}{SR} = \frac{\sin \angle POS}{\sin \angle SOR} \times \frac{OP}{OR}$$

所以

$$(PQRS) = \frac{\sin \angle POQ}{\sin \angle QOR} \times \frac{\sin \angle SOR}{\sin \angle POS}$$

同理

$$(P'Q'R'S') = \frac{\sin \angle P'OQ'}{\sin \angle Q'OR'} \times \frac{\sin \angle S'OR'}{\sin \angle P'OS'}$$

所以

$$(PQRS) = (P'Q'R'S')$$

在交比中,有一种情况最为重要,即如果

$$(PQRS) = -1$$

那么称 P, Q, R, S 为调和点列或 P, Q, R, S 四点调和。

例 18.1　如图 18.2 所示,设 $\triangle ABC$ 的 $\angle BAC$ 的内角平分线、外角平分线分别交直线 BC 于 D, E,则 B, D, C, E 四点调和。

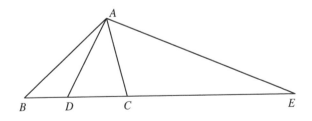

图 18.2

事实上,因为

$$\frac{BD}{DC} = \frac{AB}{AC}$$

$$\frac{BE}{EC} = -\frac{AB}{AC}$$

所以

$$(BDCE) = \frac{BD}{DC} : \frac{-BE}{EC} = -1$$

例 18.2 如果 P, Q, R, S 四点调和,那么线段 $PQ, PR,$ PS 成调和数列,即它们的倒数成等差数列:

$$\frac{1}{PQ} + \frac{1}{PS} = \frac{2}{PR} \tag{18.3}$$

证 因为

$$\frac{PQ}{QR} = -\frac{PS}{SR} = \frac{PS}{RS}$$

所以

$$PQ(PS - PR) = PS(PR - RQ)$$
$$PR \cdot RQ + PS \cdot PR = 2PS \cdot PQ$$

从而式(18.3)成立。

关于调和点列,有下面的定理:

定理 设四边形 $ABCD$ 的边 BA, CD 延长后交于 $P, AD,$ BC 延长后交于 Q, AC, BD 交于 O。直线 PO 分别交 AD, BC 于 E, F,则 B, F, C, Q 四点调和,A, E, D, Q 四点也调和(图 18.3)。

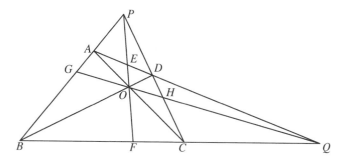

图 18.3

证 由交比的不变性(PA,PE,PD,PQ 是过点 P 的直线),有

$$（AEDQ）=（BFCQ）$$

又由交比的不变性(OA,OE,OD,OQ 是过点 O 的直线),有

$$（AEDQ）=（CFBQ）$$

所以

$$（BFCQ）=（CFBQ）=\frac{1}{BFCQ}$$

因此

$$（BFCQ）=（CFBQ）$$
$$（BFCQ）=-1$$
$$（AEDQ）=-1$$

即 B,F,C,Q 四点调和。

当然 A,E,D,Q 四点也调和。

如果过 Q,O 作直线,分别交 AB,CD 于 G,H,那么 P,A,G,B 调和,P,D,H,C 也调和。

还有 G,O,H,Q 调和,P,E,O,F 调和。

四条直线 PA,PC,QA,QC 相交所得的图形,如图 18.3 称为完全四边形,上面的定理称为完全四边形的调和性质,也人有称之为射影几何的基本定理。

有了这个定理,我们就可以仅用直尺完成下面的作图。

例 18.3 已知同一直线上的三点 B,F,C,求作同一直线上的点 Q,使得 B,F,C,Q 四点调和。

解 如图 18.3 所示,在直线 BQ 外任取一点 P,连 PB,PF,PC。在 PF 上任取一点 O,作 BO,CO 分别交 PC,PB 于 D,A。

直线 AD 交直线 BC 于 Q,则 Q 即为所求。

显然,这个与 B,F,C 成调和点列的点 Q 是唯一确定的。

现在给出第 4 节作图的证明。

证 图见第 4 节。

设 MN 交 PB 于 Q，则 P,A',Q,B 四点调和。

设 LM 交 PB 于 Q'，则 P,A',Q',B 四点调和。

因此 $Q'=Q$，并且 L,M,N,Q 四点共线。

M 在直线 LN 上。

最后，还有一点需要着重说明。

在 $(PQRS)=-1$ 时，如果 R 是线段 PQ 的中点，那么

$$-1 = \frac{(PQR)}{(PQS)} = \frac{-1}{(PQS)}$$

所以

$$(PQS) = 1$$

即

$$\frac{PS}{QS} = 1$$

这只有在 S 为无穷远点时才能成立。

于是，在第 9 节的基本作图中，因为 M 为 AB 中点，所以 AB 与 DE 的交点就是无穷远点，即 $AB // DE$，这实际上是本节例题的特殊情况。

19   射 影 对 应

射影对应是射影几何学的重要内容。

两条直线 l,l' 上的点,如果存在一一对应的关系,并且设 l 上任四点 A,B,C,D 的对应点为 A',B',C',D',则交比
$$(ABCD)=(A'B'C'D')$$
那么就称这两条直线上的点列的对应关系为射影对应,记为
$$(A,B,C,\cdots)\ \overline{\overline{\wedge}}\ (A',B',C',\cdots)$$

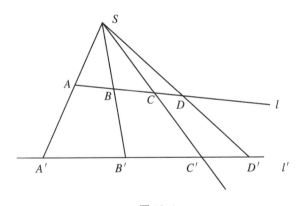

图 19.1

若 S 为 l,l' 外一点,以 S 为顶点的线束 $S(SA,SB,SC,\cdots)$ 分别交 l 于 $A,B,C,\cdots$,交 l' 于 $A',B',C',\cdots$(图 19.1),则称点列 $(A,B,C,\cdots)$ 与点列 $(A',B',C',\cdots)$ 为透视对应,记为
$$(A,B,C,\cdots)\ \overline{\wedge}\ (A',B',C',\cdots)$$
或
$$(A,B,C,\cdots)\ \overset{S}{\overline{\wedge}}\ (A',B',C',\cdots)$$
由上一节我们知道,透视对应的点列一定是射影对应的。反之

不然。

　　上述线束与点列的关系也称为透视对应的。

　　记为

$$S(SA,SB,SC,\cdots)\,\overline{\wedge}\,(A,B,C,\cdots)$$

与

$$S(SA,SB,SC,\cdots)\,\overline{\wedge}\,(A',B',C',\cdots)$$

如果

$$(A,B,C,\cdots)\,\overline{\wedge}\,(A',B',C',\cdots)$$
$$(A,B,C,\cdots)\,\overline{\wedge}\,(A'',B'',C'',\cdots)$$

如图 19.2 所示,那么对 l 上任意四点 A,B,C,D 及在 l',l''的对应点,有

$$(ABCD)=(A'B'C'D')$$
$$(ABCD)=(A''B''C''D'')$$

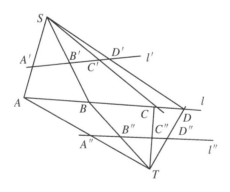

图 19.2

所以

$$(A'B'C'D')=(A''B''C''D'')$$

即

$$(A',B',C',D')\,\overline{\wedge}\,(A'',B'',C'',D'')$$

　　如果两个点列是透视的,那么它们的公共元素(即图 19.1

中 l 与 l' 的交点),显然是自身对应的。

反之,如果两个点列是射影对应的,而且公共元素自身对应,那么这两个点列是透视对应的。

事实上,如图 19.3 所示,设 l,l' 上的点列 $(A,B,C,\cdots)\overline{\wedge}$ $(A',B',C',\cdots)$,并且 D 为 l,l' 的公共点,设直线 AA' 与 BB' 相交于 S,又 SC 交 l' 于 C'',则因为

$$(A,B,C,\cdots)\overline{\wedge}(A',B',C',\cdots)$$

所以

$$(ABCD)=(A'B'C'D')$$

而又有

$$(ABCD)=(A'B'C''D)$$

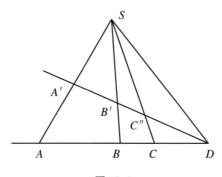

图 19.3

所以

$$C''=C$$

从而

$$(A,B,C,\cdots)\overline{\overline{\wedge}}(A',B',C',\cdots)$$

例 19.1　若点列 $(A,B,C,\cdots)\overline{\wedge}(A',B',C',\cdots)$,则存在点列 $(A_0,B_0,C_0,\cdots)$ 与上述两个点列均为透视点列(图 19.4)。

证　在 AA' 上任取 S,S' 两点。

设 $SB\bigcap S'B'=B_0,SC\bigcap S'C'=C_0,B_0C_0\bigcap AA'=A_0$。

对点列$(A,B,C,\cdots)$中任一点 D 及点列$(A',B',C',\cdots)$中相应的点 D',设 $SD \bigcap A_0 B_0 = D_0$,$S'D' \bigcap A_0 B_0 = D_0'$,则

$$(A_0 B_0 C_0 D_0) = (ABCD)$$
$$= (A'B'C'D')$$
$$= (A_0 B_0 C_0 D_0')$$

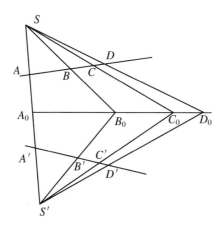

图 19.4

所以 $D_0' = D_0$,即

$$(A,B,C,D,\cdots) \overline{\bigwedge} (A_0,B_0,C_0,D_0,\cdots)$$
$$\overline{\bigwedge} (A',B',C',D',\cdots)$$

下面证明两个重要的定理。

例 19.2(Pappus 定理)　对于直线 g 上任三个点 A,B,C 与直线 g' 上任三个点 A',B',C',交点 $AB' \bigcap A'B = N$,$BC' \bigcap B'C = L$,$CA' \bigcap C'A = M$ 一定在一条直线上,这条直线 MN 称为 Pappus 线(图 19.5)。

Pappus 这个定理很早就被古希腊的数学家 Pappus 发现。Pappus(约公元 3 世纪)著有《数学全系》8 卷,可惜只有一部分保留下来。

这个定理,适合用射影几何的方法证明。

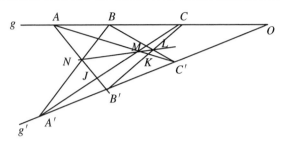

图 19.5

设 $AB' \cap A'C = J$，$AC' \cap B'C = K$，$g \cap g' = O$，则

$$(ANJB') \overset{A'}{\overline{\wedge}} (ABCO) \overset{C'}{\overline{\wedge}} (KLCB')$$

从而

$$(ANJB') \overline{\wedge} (KLCB')$$

因为公共点 B' 自身对应，所以

$$(ANJB') \overline{\overline{\wedge}} (KLCB')$$

即 NL 过 AK 与 JC 的交点 M，则 L, M, N 共线。

Pappus 定理的对偶命题也是成立的，即如果由点 G 引出直线 a, b, c，由点 G' 引出直线 a', b', c'；过 a, b' 的交点与 a', b 的交点的直线为 n；过 b, c' 的交点与 b', c 的交点的直线为 l；过 c, a' 的交点与 c', a 的交点的直线为 m，那么 l, m, n 三线共点（图 19.6）。

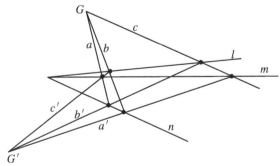

图 19.6

这不难用同一法证明。

Pappus 定理有很多应用。

例 19.3　已知直线 g 上的点列$(ABCX)$与直线 g' 的点列$(A'B'C'X')$为射影对应。A,B,C,X 及 A',B',C' 均已给出。求作点 X'。

解　连 $AB',A'B$,相交于 N。

连 $AC',A'C$,相交于 M。

连结 $A'X,MN$。

直线 $A'X \bigcap MN = F$。

直线 $AF \bigcap g' = X'$。

则 X' 即为所求(图 19.7)。

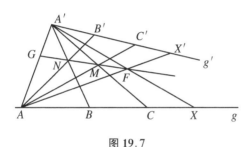

图 19.7

证　设 MN 交 AA' 于 G,则

$$(ABCX) \overset{A'}{\barwedge} (GNMF) \overset{A}{\barwedge} (A'B'C'X')$$

利用射影几何也不难证明 Desargues 定理。

例 19.4（Desargues）定理　若 $\triangle ABC$,$\triangle A'B'C'$ 满足 AA',BB',CC' 交于一点 S,则 $A_0 = BC \bigcap B'C'$,$B_0 = CA \bigcap C'A'$,$C_0 = AB \bigcap A'B'$ 这三点共线(图 19.8)。

证　设 $B_0 C_0 \bigcap SA = D$,$B_0 C_0 \bigcap SB = E$,$B_0 C_0 \bigcap SC = F$,则

$$(SBB'E) \overset{C_0}{\barwedge} (SAA'D)$$

$$(SCC'F) \overset{B_0}{\barwedge} (SAA'D)$$

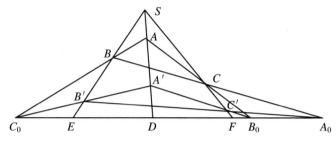

图 19.8

所以

$$(SBB'E) \barwedge (SCC'F)$$

因为点列 $(S, B, B', E, \cdots)$ 与 $(S, C, C', F, \cdots)$ 的公共元 S 自身对应,所以

$$(SBB'E) \overline{\barwedge} (SCC'F)$$

从而 $A_0 (= BC \cap B'C')$ 在 EF 上,即在 $B_0 C_0$ 上。

20　反演、极点与极线

已知⊙O 及点 A，在射线 OA 上有一个唯一确定的点 A'，满足

$$OA \times OA' = r^2$$

这里 r 是⊙O 的半径(图 20.1)。

A' 称为 A(关于⊙O)的反演，由定义，A 也是 A' 的反演。

显然 A 在⊙O 内时，A' 在⊙O 外，A 在⊙O 外时，A' 在⊙O 内，A 在⊙O 上时，$A' = A$。

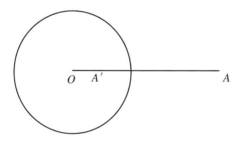

图 20.1

用尺、规不难作出 A 的反演。

A 在⊙O 外时，过 A 作⊙O 的切线，切点为 B，C(图 20.2)，连 BC，交 OA 于 A'，则 A' 就是 A 的反演。

证　连 OB，$\angle OBA = 90°$，而 $BC \perp OA$，所以 $OA' \times OA = OB^2 = r^2$。

A 在圆内，仍用图 20.2，但 A 改作 A'，过 A' 作弦 $BC \perp OA$，再过 B 点作切线交 OA' 的延长线于 A，则 A 为 A' 的反演(证明略)。

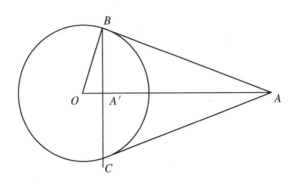

图 20.2

定理 20.1　设 P,Q,R,S 为一条直线上的四个点，O 为 PR 的中点，则当且仅当

$$OS \times OQ = OR^2 \tag{20.1}$$

时，P,Q,R,S 四点调和。

证　以 O 点为原点，直线 OP 为数轴。设 P,Q,R,S 的坐标分别为 p,q,r,s，则

$$p + r = 0$$

若四点调和，则

$$\left(\frac{q-p}{r-q} = \right) \frac{q+r}{r-q} = \frac{s+r}{s-r} \left(= \frac{s-p}{s-r} \right)$$

化简即得

$$sq = r^2$$

即括号中的等式成立。

反之，式 (20.1) 成立时，由 $sq = r^2$ 逆推即得 P,Q,R,S 调和。

特别地，设 ⊙O 半径为 r，A 与 A' 互为反演，直线 AA' 交 ⊙O_1 于 B,C，则 B,A',C,A 四点调和。

定义　设 A,A' 关于 ⊙O 互为反演，经 A' 作 AA' 的垂线，这垂线称为 A 的（关于 ⊙O 的）极线，A 称为这垂线的极点。

A 在$\odot O$ 外时,A 的极线与$\odot O$ 相交。A 在$\odot O$ 内时,A 的极线与$\odot O$ 无公共点。A 在$\odot O$ 上时,极线就是过 A 的切线。

定理 20.2 如果点 A 的极线过点 B,那么点 B 的极线过点 A。

证明 如图 20.3 所示,设 A' 为 A 的反演,B' 为 B 的反演,并且 $A'B$ 为 A 点极线,则

$$OA \times OA' = r^2 = OB \times OB'$$

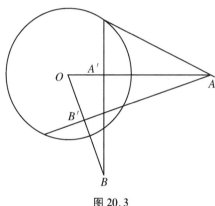

图 20.3

r 为$\odot O$ 半径。于是

$$\triangle OA'B \backsim \triangle OB'A$$

$$\angle OB'A = \angle OA'B = 90°$$

即 B 的极线过 A。

定理 20.3 设 A,A' 关于$\odot O$ 互为反演。过 A 作直线交$\odot O$ 于 P,R,交 A 的极线于 Q,则 P,Q,R,A 调和(图 20.4)。

证 设弦 PR 的中点为 O',则 $OO' \perp PR$。

O,O',Q,A' 四点共圆,所以

$$OA \times A'A = O'A \times QA$$

$$O'Q \times O'A = (O'A - QA) \times O'A$$

$$= O'A^2 - QA \times O'A$$

$$= OA^2 - OO'^2 - OA \times A'A$$
$$= OA' \times OA - OO'^2$$
$$= OR^2 - OO'^2$$
$$= O'R^2$$

因此 P,Q,R,A 成调和。

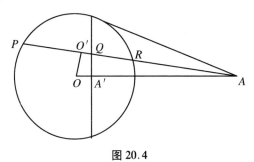

图 20.4

由这个定理,极线也可以有另一种等价的定义:

过不在 $\odot O$ 上的点 A 任引直线交 $\odot O$ 于 P,R。在这直线上有唯一的点 Q,满足 P,Q,R,A 成调和。Q 的轨迹就是 A 的极线。

当 A 在 $\odot O$ 上,过 A 的切线就是 A 的极线。

现在我们可以仅用直尺作点 A 关于 $\odot O$ 的极线了。

设 A 不在 $\odot O$ 上,过 A 作两条割线分别交 $\odot O$ 于 P,R 和 P_1,R_1。

作直线 PP_1,RR_1,相交于 B。

作直线 PR_1,P_1R,相交于 C。

直线 BC 就是点 A 的极线(图 20.5)。

证　设 BC 与 AP,AP_1 的交点分别为 D,E,则由完全四边形的性质有

$$(PDRA) = (P_1ER_1A) = -1$$

得到 DE 是极线。

注意　上面的作法中,并未利用圆心。所以只需知道 $\odot O$,

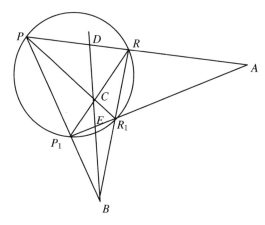

图 20.5

不必知道圆心 O，就可以仅用直尺作出 A 的极线。如果 A 点在圆上，那么它的极点就是过 A 的切线。作法见下面的例 20.1。

同样地，仅用直尺，可以作出一条直线 l 关于 $\odot O$ 的极点（不需要知道圆心 O）。

作法是在 l 上任取两点 A,B，用上面的方法作出 A 的极线 l_1 与 B 的极线 l_2，l_1 与 l_2 的交点 C 就是 l 的极点。

证　因为 l 过 A 点，所以 A 点的极线 l_1 过 l 的极点。

同理，l_2 也过 l 的极点，所以 l_1，l_2 的交点 C 就是 l 的极点。

例 20.1　已知 $\odot O$（不知圆心）及圆上一点 A，仅用直尺作出 A 的切线。

解　过 A 任作一条直线 AB。用上面的方法，作出 AB 的极点 C，CA 就是所求的切线。

例 20.2　已知 A 在 $\odot O$ 外（不知道圆心 O），仅用直尺作出过 A 点的切线。

解　作 A 关于 $\odot O$ 的极线，交圆于 B，C，则 AB，AC 就是过 A 的切线。

仅用圆规可以作出 $\odot O$ 的圆心（第 28 节），也可以作出点 A

关于 $\odot O$ 的反演。

　　但仅用直尺不能作出 $\odot O$ 的圆心(第 12 节),也不能作出 A 点的反演。假如能作出每个点的反演,那么仅用直尺就能作出一条过 A 及其反演点的直线 OA。同样地,可再作一条直线 OB。这两条直线的交点就是圆心 O。这与仅用直尺不能作出圆心矛盾。所以仅用直尺无法作出 A 点的反演(除非 A 在 $\odot O$ 上,反演为其自身)。

21 射 影 变 换

前面说过中心射影,设 P 为射影中心。将平面 M 的点射影到平面 M' 上,这射影是一一对应而且是保素的。

如图 21.1 所示,对于平面 M 上任意 4 个共线的点 A,B,C,D,设它们的像分别为 A',B',C',D',那么根据前面交比那一节的证明,

$$(ABCD) = (A'B'C'D')$$

即中心射影保持交比不变。

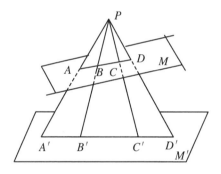

图 21.1

如果将平面 M,M' 合成一个平面,但保持点的对应关系(即 $A \to A', B \to B', \cdots$),那么就得到一个平面 M 自身的变换,它是一一对应,保素的,而且保持交比不变。

这样的变换称为射影变换。

仿射变换一定是射影变换,但反之则不然。

射影变换是研究二次曲线的利器。

二次曲线,包括椭圆、双曲线、抛物线及其蜕化情形即两条相

交直线或两条平行直线。

二次曲线，也称为圆锥曲线或圆锥截线。

一个上、下对称的，以 S 为顶点的圆锥（如图 21.2 所示），底面为圆。平行于底面的截面截得一圆（特殊的椭圆）。如果截面不平行于底面，而与每条母线相交，得一椭圆。截面与一条母线平行，截得抛物线，截面与圆锥上、下两部分都相交但不过 S 时，截得双曲线。

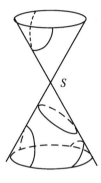

图 21.2

这些是大家所熟知的。

由此可知，椭圆、双曲线、抛物线可以经以 S 为中心的射影，从一种变为另一种。也就是可以经过射影变换从一种变为另一种。

圆锥曲线中一个最重要的定理是帕斯卡定理。

帕斯卡（B. Pascal，1623—1662）（图 21.3）是一位天才，他在 16 岁时发现并证明了下面的定理。

定理 如果一个六边形内接于一条圆锥曲线，那么 3 对对边的交点共线，反之亦真。

这里的六边形不一定是常见的凸六边形，它只是 6 个点，按任意顺序连成一个闭折线，可以自身相交。6 个点中也可以有重合的点。

图 21.3 帕斯卡

我们先考虑圆锥曲线为圆的情况。

图 21.4 中的六边形为 S_1CS_2ADB，对边的交点为

$$S_1C \bigcap AD = X_1$$

$$CS_2 \bigcap DB = X_2$$

$$S_2A \bigcap BS_1 = M$$

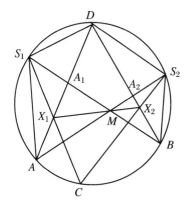

图 21.4

要证 X_1, X_2, M 三点共线。

首先注意同弧上的圆周角相等,所以

$$\angle CS_1 B = \angle CS_2 B$$

$$\angle BS_1 D = 180° - \angle BS_2 D$$

$$\angle AS_1 C = \angle AS_2 C$$

$$\angle AS_1 D = 180° - \angle AS_2 D$$

从而

$$\frac{\sin \angle AS_1 C}{\sin \angle BS_1 C} \cdot \frac{\sin \angle AS_1 D}{\sin \angle BS_1 D} = \frac{\sin \angle AS_2 C}{\sin \angle BS_2 C} \cdot \frac{\sin \angle AS_2 D}{\sin \angle BS_2 D}$$

设 $S_1 B \cap AD = A_1, S_2 A \cap DB = A_2$,则

$$S_1(S_1 A, S_1 B, S_1 C, S_1 D) \overline{\wedge} (A, A_1, X_1, D)$$

$$S_2(S_2 A, S_2 B, S_2 C, S_2 D) \overline{\wedge} (A_2, B, X_2, D)$$

再由上面的等式,

$$(A, A_1, X_1, D) \wedge (A_2, B, X_2, D)$$

因为公共元素 D 自身对应,所以

$$(A, A_1, X_1, D) \overline{\wedge} (A_2, B, X_2, D)$$

又因 $AA_2 \cap BA_1 = M$ 是这透视对应的中心,所以 X_1, X_2, M 三点共线。

对于一般的二次曲线,上面的圆锥表明它们都可以经中心射影变为圆,从而帕斯卡定理成立。

帕斯卡定理有很多特殊情况。

首先是第 19 节的帕斯卡定理,它是二次曲线蜕化为两条直线的特殊情况。

其次,对于二次曲线上五个点 A, B, C, D, E,我们可以将 A 看作是两个重合的点,这样 $AABCDE$ 就成为六边形,而边 AA 即是二次曲线的切线。

我们得到二次曲线的内接五边形 $ABCED$ 的两对不相邻的边的交点 $AB \cap BE = X, AE \cap BC = Y$ 以及顶点 A 处的切线与对边 CD 的交点 Z,三点共线。

同时,还得到一种仅用直尺作切线的方法。

设 A 为曲线上一已知点,在曲线上任取 4 个点 B,C,D,E,作出 $AB \bigcap DE = X$,$AE \bigcap BC = Y$;再作出 $CD \bigcap XY = Z$,则 AZ 就是 A 点处的切线(图 21.5)。

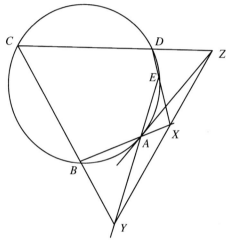

图 21.5

对于二次曲线的内接四边形,两对对边的交点,过对顶点的两对切线的交点(4 个点)在一条直线上。

即图 21.6 中,A 处切线与 C 处的切线的交点 X,B 处切线与 D 处切线的交点 U,$AD \bigcap BC = Z$,$AB \bigcap DC = Y$,这四点共线。

对于内接三角形,每条边与它所对顶点处的切线的交点,三点共线。

即图 21.7 中 A 处切线与 BC 的交点 X,B 处切线与 CA 的交点 Y,C 处切线与 AB 的交点 Z,三点共线。

本节最后说两个仅用直尺不可能实现的作图问题:

(1) 射影变换保持交比不变,却不保持简单比不变,因此一个点平分线段 AB 不是射影变换下的不变性。从而仅用直尺不能作出一条线段 AB 的中点。

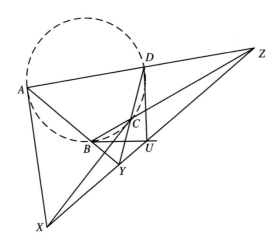

图 21.6

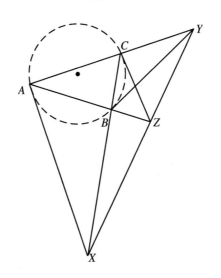

图 21.7

(2) 仅用直尺不能作出一个圆的圆心。

设⊙O 为已知,而圆心 O 未知。以⊙O 为底作一直圆锥,顶

点为 S。在⊙ O 内取一点 A 不同于圆心 O，作平面垂直于 SA，截得一椭圆，A 是椭圆中心，而 SO 与这平面的交点不是。再作仿射变换，将椭圆压成与⊙ O 一样大的圆，而 A 仍为中心。这将⊙ O 变为椭圆，再变成圆的变换是一系列射影变换，合在一起也是一个射影变换。它不保持圆心 O 不变。因此，仅用直尺不能作出圆心 O。

22　已知一圆及其圆心(一)

已知⊙O 及圆心 O 时,仅用直尺可完成一切尺规作图。

这里可完成一切尺规作图,需要再强调一下。

用圆规可以以一点 A 为圆心,过另一点 B 作圆,用直尺当然不能实际作出这个圆来,所谓可以作出这个圆指可以定出圆心及圆上一点。

例如,如图 22.1 所示,已知点 A,要作以 A 为圆心与⊙O 相切的圆,只需作直线 OA,交⊙O 于 B,C。

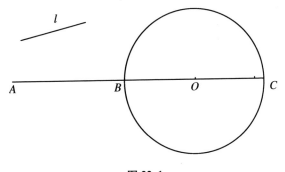

图 22.1

如此,我们就认为以 A 为圆心,过点 B 的圆已经作出,它与⊙O 外切(如果 A 在⊙O 外)或内切(如果 A 在⊙O 内)。同时,以 A 为圆心,过 C 的另一个圆也与⊙O 相切。

我们所作的圆只是由圆心与圆上一个点作代表。这样的圆,直观上看不见全貌,我们称之为隐圆。但有了隐圆我们就可以作出这圆上任意多个点,特别是这圆与任一条割线或切线的交点,这圆与另一个(显或隐的)圆的交点。

例如,图 22.1 中有一条直线 l,它与 $\odot(A,AB)$ 的交点就可以作出(这当然要费些篇幅来说明如何得出交点,下一节将会说到,请不要着急)。

再如给定一个 $\triangle ABC$,我们可以作出它的外接圆,也就是定出 $\triangle ABC$ 的外心(圆上的点 A,B,C 已知)。这也会在后面说到。

本节先看几个简单的例子。

例 22.1   已知 $\odot O$ 及其圆心 O,线段 AB。试仅用直尺将线段 AB 平分。

解   作直线 AO,交 $\odot O$ 于 A_1,A_2。

O 是线段 A_1A_2 的中点,由基本作图 2,我们可过 B 作 OA 的平行线 BO_1。

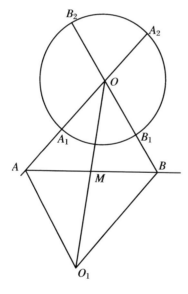

图 22.2

同样地,可过 A 作 OB 的平行线。这平行线与 BO_1 相交于 O_1,四边形 O_1BOA 是平行四边形。

连 OO_1，交 AB 于 M。

M 是 AB 的中点(图 22.2)。

例 22.2　已知⊙O 及圆心 O，线段 AB 不过 O 点，试仅用直尺作出线段 $OC\underline{\underline{\parallel}}AB$。

解　例 22.1 中，我们已经过 B 作出 OA 的平行线 l_1。

因为例 22.1 中已经作出 AB 的中点，由基本作图 2，可以过 O 作出 AB 的平行线 l_2(图 22.3)。

设 l_1，l_2 相交于 C，则四边形 $OABC$ 是平行四边形，所以

$$OC\underline{\underline{\parallel}}AB$$

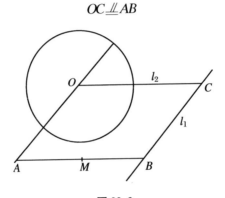

图 22.3

例 22.3　已知直线 l，可过 l 外任一点 P 作 l 的平行线。

证　在 l 上取一线段 AB。由例 22.1 可得 AB 中点 M。因此由基本作图 2，可过 P 作 l 的平行线。

例 22.4　对任一直线 l，可过任一点 P 作 l 的垂线。

作法　在⊙O 内作 l 的平行弦 CD。

设 E 为 D 的对径点(即 DE 为直径)，则 $EC\perp CD$。

过 P 作 EC 的平行线，它就是 l 的垂线(图 22.4)。

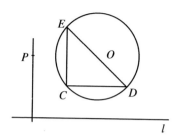

图 22.4

例 22.5 如图 22.5 所示,已知点 A 在直线 l 上,点 B 在 l 外。试仅用直尺在 l 上作出点 B',满足 $AB' = AB$。

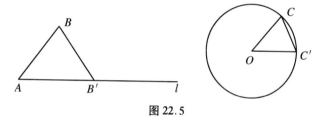

图 22.5

作法 作半径 $OC /\!/ AB$,$OC' /\!/ l$。连 CC',作 $BB' /\!/ CC'$,BB' 交 l 于 B'。

B' 即为所求。

证 $\triangle ABB' \backsim \triangle OCC'$,$OC = OC'$,所以 $AB = AB'$。

23 已知一圆及其圆心（二）

本节解决如何仅用直尺作圆与直线的交点。

已知点 A、点 B 及直线 l，试仅用直尺作出隐圆$\odot(A,AB)$与 l 的交点(当然是在直线 l 与$\odot(A,AB)$有交点时)。

解 这里的$\odot(A,AB)$即是圆心 A 及圆上一点 B，而不是常见的、圆规作出的显图。

过 A 作 l 的垂线，并在这垂线上取 B'，使 $AB'=AB$(参见例 22.2、例 22.3)。

我们要在 l 上找一点 B''，使 $AB''=AB'$。这得借助已知的显圆$\odot O$ 及其圆心 O。设线段 AB'交 l 于 H(线段 AB' 与 l 无公共点，则$\odot(A,AB)$与 l 无公共点)(图 23.1)。

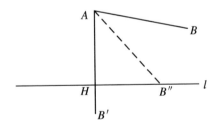

图 23.1

过 O 作 AB'的平行线 OC(图 23.2)。

连 AO，过 H，B'作 OA 的平行线，分别交 OC 于 K，C。

任作一半径 OC'。连 CC'，作 $KK'\!/\!/CC'$，交 OC'于 K'。

设 OC 交$\odot C$ 于 C''。连 $C'C''$，作 $K'K''\!/\!/C'C''$，交 OC'' 于 K''。

至此，我们得到一条与 AB'平行的半径 OC''。OC''上有一点

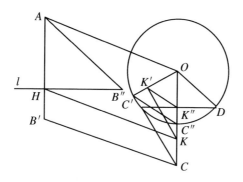

图 23.2

K'', OK''：$OC'' = OK'$：$OC' = OK$：$OC = AH$：AB'。

作 $K''D \perp OK''$，交 $\odot O$ 于 D。

连 OD。

过 A 作 OD 的平行线,交 l 于 B'',则 B''就是 $\odot(A, AB)$ 与 l 的交点。

　　证　因为 $\triangle AHB'' \backsim \triangle OK''D$,所以

$$AB''：OD = AH：OK'' = AB'：OC''$$

而 $OD = OC''$,所以

$$AB'' = AB' = AB$$

在第 2 节我们说过,要证明在已知一圆及其圆心时,仅用直尺可以完成一切尺规作图,只需做到三点,即作出一条直线与一个隐圆的交点(本节已经完成);在一个隐圆上,作出一个与 C' 的点不同的点(这其实含于上一条中);求出两个隐圆的交点。最后一点将在下节完成。

24 已知一圆及其圆心（三）

本节主要解决如何作圆与圆的交点。

首先，任一条线段 AB 可以平行移动，使得端点为任一给定点 C。具体的作法是：

连 AC，作 $BD /\!/ AC$，$CD /\!/ AB$。BD，CD 相交于 D（图 24.1），CD 即为 AB 平移的结果。

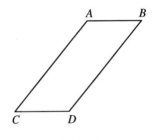

图 24.1

例 23.5 表明任一线段 AB 可以绕 A 旋转到过 A 的任一条射线上。

有了"平移"与"旋转"，我们可以将线段相加减。

例 24.1 设线段 $AB = a$，$CD = b$，则可以作出长为 $a + b$ 的线段。

作法 平移 CD 到 BE。

将 BE 绕 B 旋转到线段 AB 上或线段 AB 的延长线上，得点 F，G（图 24.2），则

$$AF = a + b, \quad AG = a - b$$

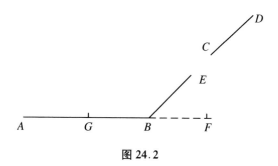

图 24.2

线段也可以乘除。

例 24.2 已知线段 $AB = a$，$CD = b$，$EF = c$，可以作出线段长为 $\dfrac{ab}{c}$（$c = 1$ 时得长为 ab，$b = 1$ 时得长为 $\dfrac{a}{c}$）。

作法 经过平移、旋转，可使线段 $PQ = a$，$PR = c$，$RS = b$，其中 S 在 PR 的延长线上（图 24.3）。

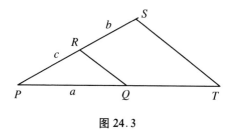

图 24.3

连接 QR，过 S 作 RQ 的平行线，交 PQ 的延长线于 T，则

$$QT = \frac{ab}{c}$$

例 24.3 已知两个隐圆 $\odot(A, AB)$，$\odot(C, CD)$，求它们的交点。

解 所谓已知 $\odot(A, AB)$，只是知道 A，B 两个点，同样已知 $\odot(C, CD)$ 也只是知道 C，D 两个点。

设 $AB = R$，$CD = r$，$AC = d$。

如果⊙A 与⊙C 的交点为 E,F,EF 交 AC 于 H,AC 中点为 M,那么由勾股定理,可得

$$R^2 - r^2 = AE^2 - CE^2 = AH^2 - HC^2$$
$$= AC(AH - HC) = 2AC \cdot MH$$
$$= 2d \cdot MH$$

$$MH = \frac{R^2 - r^2}{2d} = \frac{(R + r)(R - r)}{2d}$$

由例 24.1,我们可以作出长为 $R + r$ 与 $R - r$ 的线段。

由例 24.2,取 $a = R + r, b = R - r, c = 2d$,我们也可作出长为 $MH = \dfrac{(R + r)(R - r)}{2d}$ 的线段(图 24.4)。

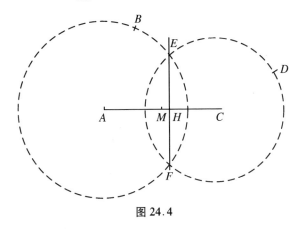

图 24.4

AC 的中点 M 可作,从而 H 也可作。

过 H 可作 AC 的垂线 l。

由第 23 节可知,可作 l 与⊙(A,AB) 的交点 E,F;它们就是⊙(A,AB) 与⊙(C,CD) 的交点。

至此,我们业已证明给定一圆及其圆心后,仅用直尺可以完成全部尺规作图。

当然,对于具体的问题,不一定硬套这几节的作法。如能用更简单的方法完成作图,岂不更好。

25　生锈圆规

　　小明发现一个旧圆规,已经生锈了,圆规的张脚宽度固定为 r,不能变更。用这个圆规与直尺仍能完成很多作图,并无太多困难。

　　例 25.1　如图 25.1 所示,已知直线 a 上一点 A,试用这生锈圆规与直尺,过 A 作 a 的垂线。

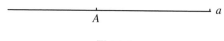

图 25.1

　　作法　如图 25.2 所示,以 A 为圆心,r 为半径作圆。

　　在这圆上任取一点 O。

　　以 O 为圆心,r 为半径作圆,交直线 a 于 A 及 B。

　　过 B 作 $\odot O$ 的直径 BC。

　　直线 AC 即所求的垂线。

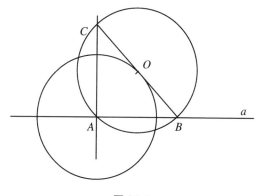

图 25.2

以下各例作图均是仅用生锈圆规与直尺的作图。

例 25.2　将线段 AB 平分,这里 AB 的长大于 $2r$。

作法　如图 25.3 所示,在 AB 上,分别以 A、B 为圆心,r 为半径作圆,交线段 AB 于 A_1,B_1。

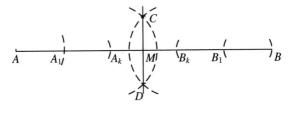

图 25.3

若 $A_1 B_1 > 2r$,则重复这一作图过程,直至得到 A_k,B_k,它们在线段 AB 上,并且 $A_k B_k \leqslant 2r$。

分别以 A_k,B_k 为圆心,r 为半径作圆。

若 $A_k B_k = 2r$,这两圆相切于 M,M 即 $A_k B_k$ 的中点,也就是 AB 的中点。

若 $A_k B_k < 2r$,这两圆相交于 C,D,连 CD,交 AB 于 M,M 是 $A_k B_k$ 的中点,也就是 AB 的中点。

例 25.3　已知线段 BC,试作一点 A,使 $\triangle ABC$ 为正三角形。

作法　如图 25.4 所示,以 B 为心,r 为半圆,作直线 BC 于 C_1。以 C_1 为圆心,r 为半径作圆,交 $\odot B$ 于 A_1。

过 B,A_1 作直线。

同样地,以 C 为圆心,r 为半径作圆,交直线 BC 于 B_1,以 B_1 为圆心,r 为半径作圆,交 $\odot C$ 于 A_2。

过 C,A_2 作直线,直线 BA_1,CA_2 相交于 A,A 点即为所求。

不论线段 BC 的长短如何,上面的作法均适用。

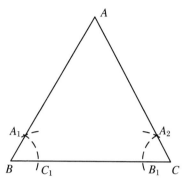

图 25.4

例 25.4 已知直线 a 及点 A，A 不在直线 a 上。试过 A 作 a 的垂线。

作法 如果 A 到 a 的距离小于 r，作 $\odot(A,r)$ 交直线 a 于 B,C。再作 $\odot(B,r)$，$\odot(C,r)$，两圆交于 A,D，直线 AD 即为所求（图 25.5）。

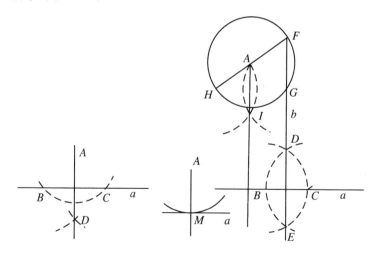

图 25.5

如果 A 到 a 的距离等于 r，那么 $\odot(A, r)$ 与直线 a 相切于点 M，直线 AM 即为所求。

如果 A 到 a 的距离大于 r，在 a 上取一点 B，作 $\odot(B, r)$ 交直线 a 于 C；作 $\odot(C, r)$ 交 $\odot(B, r)$ 于 D，E，则直线 $DE \perp BC$（或引用例 25.1，在 a 上取一点，过这点作 a 的垂线）。

可设 DE 与点 A 的距离小于 r（否则重画一条距 A 更近的直线 $D'E' \perp a$）。

作 $\odot(A, r)$，交直线 DE 于 F，G。

作直线 FA，又交 $\odot(A, r)$ 于 H。

作 $\odot(G, r)$，$\odot(H, r)$，相交于 A 及 I。

直线 AI 即为所求。

证　FH 为 $\odot A$ 直径，$HG \perp FG$。

所以 $HG /\!/ a$。

点 A，I 关于直线 HG 对称，所以 $AI \perp HG$，从而 $AI \perp a$。

例 25.5　已知直线 a 及点 A，A 不在直线 a 上，试过 A 作 a 的平行线。

作法　过 A 作直线 a 的垂线 b（例 25.4）。

过 A 作直线 b 的垂线 c，则直线 c 即为所求。

例 25.6　已知直线 c 及线段 $AB = a$。试在直线 c 上作一条线段，长度为 a。

作法　如图 25.6 所示，在直线上任取一点 C 连 AC。

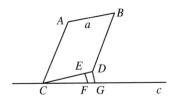

图 25.6

过 C 作 AB 的平行线（例 25.5），过 B 作 AC 的平行线，两

条线相交于 D(这一步将长为 a 的线段一端移到点 C)。

作 $\odot(C,r)$,分别交直线 CD 于 E,交直线 c 于 F,连 EF。

过 D 作 $DG \parallel EF$,交直线 c 于 G。

CG 即为所求。

证　$\dfrac{CG}{CD} = \dfrac{CF}{CE} = 1$。

所以

$$CG = CD = AB = a$$

例 25.7　如图 25.7 所示,已知两条线段长度分别为 a,b,且 $a > b$。试作长度 $a+b,a-b$ 的线段。

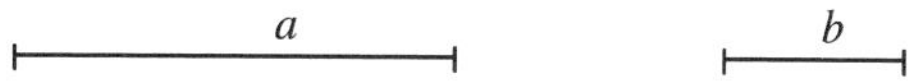

图 25.7

作法　设线段 $KC = a$,用例 25.6 方法在直线 KC 上作线段 $CG = b$。这里 KC 即例 25.6 的直线 c,C 即为例 25.6 的点 C。而所作的 G 在线段 KC 的延长线上时(图 25.8 中的 G_1),$KG = a+b$。G 在线段 KC 上时(图 25.8 中 G_2),$KG = a-b$。

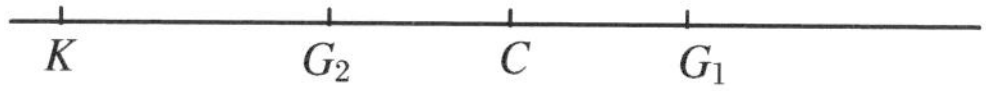

图 25.8

例 25.8　已知线段 AB,试将 AB 五等分。

作法　作射线 AC,并在 AC 上连续截取

$$AC_1 = C_1 C_2 = C_2 C_3 = C_3 C_4 = C_4 C_5 = r$$

连接 BC_5。

分别过 C_1,C_2,C_3,C_4 作 BC_5 的平行线,交 AB 于 B_1,B_2,B_3,B_4。

B_1,B_2,B_3,B_4 即将 AB 五等分(图 25.9)。

同样可将 AB n 等分,n 为任一自然数。

还可以将 AB 延长至 n 倍,例如 $n=5$ 时,在图中连接 C_1,

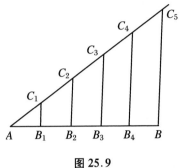

图 25.9

B。过 C_5 作 C_1B 的平行线,交 AB 于 D,则

$$AD = 5AB$$

例 25.9　已知线段 a,b,c,求作线段 x,满足

$$\frac{a}{b} = \frac{c}{x}$$

(x 是 a,b,c 的比例第四项)。

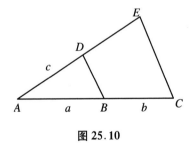

图 25.10

作法　作射线 AB,AD,并在射线 AB 上取

$$AB = a$$
$$BC = b$$

在 AD 上取

$$AD = c$$

连 BD 过 C 作 BD 的平行线,交 AD 于 E,则 DE 即为所求
(图 25.10)。

例 25.10　如图 25.11 所示,已知线段 a, b,求作线段 x,满足

$$x^2 = ab$$

即作线段 a, b 的比例中项。

a	b

图 25.11

分析　如果直角三角形 ACF 的斜边 AC 上的高为 FB,并且 $AB = a$, $BC = b$,那么

$$FB^2 = ab$$

这个直角三角形的斜边 $AC = a + b$ 可作,B 点可作($AB = a$)。过 B 点的高 BF 可作,但 F 点不好确定。AC 的中点,也就是直角三角形 AFC 的外心 O 可作,但无法作 $\odot(O, OA)$,因为生锈圆规只能作半径为 r 的圆。

所以,如图 25.12 所示,我们就作 $\odot(O, r)$,交 AC 于 D, E。

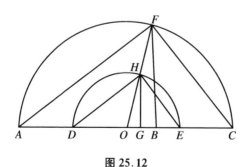

图 25.12

再在 OC 上作出 G 点,使得

$$\frac{OC}{r} = \frac{OB}{OG}$$

(例 25.9 的比例第四项)。

过 G 作 AC 的垂线,交 $\odot(O, r)$ 于 H。

直线 OH 与高 BF（AC 的垂线）相交于点 F。

BF 即为所求。

证　$\dfrac{OH}{OF} = \dfrac{OG}{OB} = \dfrac{r}{OC}$

$OH = r$

所以 $OF = OC$，F 在 $\odot(O, OC)$ 上。

$$\angle AFC = 90°$$

$$BF^2 = AB \times BC = ab$$

例 25.11　如图 25.13 所示，已知线段 a, b, c，每一条线段都小于其他两条线段之和。试作一个 $\triangle ABC$，其三边之长为 a，b, c。

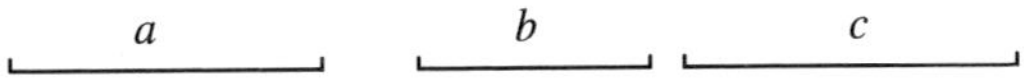

图 25.13

分析　用通常的尺规作图，这个问题非常容易。现在限定用生锈的圆规与直尺作图，可谓自找麻烦。但我们的真正目的并不是为了作出这样的三角形，更不是自找麻烦，我们的重点在于分析如何去作。由于限制了工具，就有了思考的乐趣。这就像我们下棋，结果并不重要，重要的是享受其中的乐趣，尤其是希望有一个棋力差不多的对手可以共同切磋。当前的作图题就是一位这样的对手。

设 AD 为高，M 为 BC 中点，$MD = m$，$AD = h$，见图25.14，则

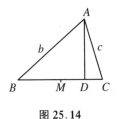

图 25.14

$$b^2 - c^2 = BD^2 - DC^2 = 2am$$

从而

$$m = \frac{(b + c)(b - c)}{2a}$$

其中，$b + c$，$b - c$，$2a$ 均可作，m 作为比例第四项，也可作出。于是我们可以作出 $BC = a$，作出 BC 中点 M，作出满足 $MD = m$ 的 D 点，再作出高 AD 所在直线。

设 $CD = d$，现在 d 的长也是已知的，而

$$x^2 = c^2 - d^2 = (c + d)(c - d)$$

即 x 是 $c + d$ 与 $c - d$ 的比例中项，所以 x 可作。从而可在直线 AD 上定出 A。

于是 $\triangle ABC$ 可以作出。

分析完了，作图倒不必真正去再作一遍了。

有人发现早在 1673 年就有一位名为 Georg Mohr 的丹麦人出版了一本小册子《欧氏几何趣味补录》，其中就讨论了用生锈圆规与直尺的作图。本节所讨论的问题，都是这本书中讨论过的问题。但这本书，现在恐怕很难见到（丹麦文我们也看不懂）。这些问题，Mohr 或其他人是如何解决的，也不得而知。我们用自己的方法完成了上述作图，不知有多少与前人暗合。读者如有更好的方法，请提供给我们以便改进。

在上一节中，证明了已知一个圆及其圆心，仅用直尺就可完成全部尺规作圆（当然，有些圆是隐圆，不能实际作出）。所以用生锈圆规与直尺，也能完成全部尺规作图。这只要用生锈圆规作一个圆，保留其圆心，其余的事均可由直尺单独完成。不过，本节宁愿让生锈圆规多做一些工作，这也是一种趣味吧。

26 双边直尺

双边直尺,是有两条平行边的尺(图 26.1)。

图 26.1

设这两条平行边的距离为 d。

用双边直尺,不仅可以作直线,而且可以作两条距离为 d 的平行线。

不仅如此,用双边直尺我们可以完成以下作图:

例 26.1 设 A,B 两点之间距离$\geqslant d$,可以作两条平行线 a,b,分别过 A,B 两点(图 26.2)。

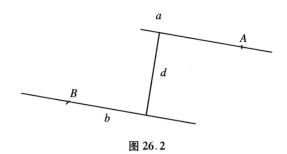

图 26.2

作法 使尺的一边过 A,然后绕 A 旋转,使另一边过 B 即可。这一作图,动手尝试几次,自然熟练。

因为可作(距离为 d 的)平行线,所以可作任一线段 AB 的中点(先用双边直尺作出 AB 的平行线)。

例 26.2 已知直线 a 及线外一点 A,过 A 作直线 a 的平行线。

作法　先在 a 上取定一线段 CD。作 CD 中点 E,然后再作出 CD 的平行线。

所以,用双边直尺可作出任意距离的平行线。

例 26.3　已知一显圆,但无圆心,用双边直尺作出这圆圆心。

作法　如图 26.3 所示,用双边直尺作出平行弦 $AB /\!/ CD$ $/\!/ EF$,两两间距小于圆心半径,设它们分别交显圆于 $A,B,C,$ D,E,F。连 AD,BC 相交于 M;连 CF,DE 相交于 N,直线 MN 过圆心 O。

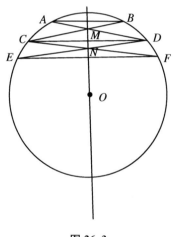

图 26.3

用同样方法再作一条直线 $M'N'$,不与 MN 平行,则 MN 与 $M'N'$ 的交点即圆心 O。

例 26.4　作宽为 d 的菱形,以任意两个距离大于 d 的点 A,B 为相对的顶点。

作法　用例 26.1 的方法,可以作出两组平行线,每一组的两条平行线分别过 A,B,并且距离为 d,这四条线组成菱形(图 26.4)。

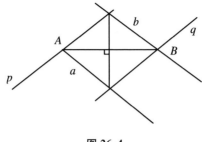

图 26.4

例 26.5　已知直线 a 及 a 上一点 A,过 A 作 a 的垂线。

解　在 a 上取点 B,例 26.4 中的菱形可形成网格,即用双边直尺多作几条距离为 d 的平行线,如图 26.5 所示,$p /\!/ q /\!/ r$,$c /\!/ b$ 等。

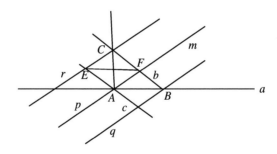

图 26.5

每个菱形的对角线互相垂直,图中的 $AC \perp EF$,而 $EF /\!/ AB$,$AC \perp AB$。

例 26.6　已知直线 a 及直线 a 外一点 D,过 D 作 a 的垂线。

作法　过 D 作上题中 AC 的平行线即可。

例 26.7　已知 $\angle AOB$,作它的平分线。

作法　如图 26.6 所示,作直线 $p /\!/ OA$,且与 OA 距离为 d。

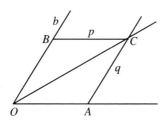

图 26.6

又作直线 $q /\!/ OB$，且与 OB 距离为 d，p，q 相交于 C，OC 即角平分线。

例 26.8 已知 $\angle AOC$，作 $\angle AOB = 2\angle AOC$。

作法 仍用图 26.6，已有 $\angle AOC$。

作与 OA 平行且距离为 d 的直线交 OC 于 C。

过 O，C 作平行直线 b，q（例 26.1），间距为 d。得到菱形 $OACB$（B 在直线 b 上，A 在直线 q 上），有

$$\angle AOB = 2\angle AOC$$

于是，对任一正整数 n，可作 $\angle AOB = n\angle AOC$。

例 26.9 已知 $\angle AOB$，直线 p 以及点 C。试过 C 作直线 q，使 p，q 所在角等于 $\angle AOB$。

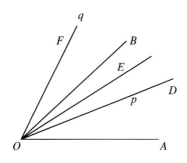

图 26.7

作法 如图 26.7 所示，不妨设 C 就是 O，p 过 O（否则过 C

作 OA，OB，p 的平行线)。

在 p 上取 D，作 $\angle DOB$ 的平分线 OE。再作 $\angle EOF =$ $\angle AOE$(例 26.8)。

OF 即为所求直线 q。

证　$\angle FOD = \angle FOE + \angle EOD$

$\qquad\qquad = \angle AOE + \angle EOB = \angle AOB$

例 26.10　已知隐圆的圆心 O 及圆上一点 C(未给出实体的圆)。试在这圆上作出点 D，使 OD 与已知直线 l 平行。

作法　如图 26.8 所示，过 O 作直线 $OA/\!/l$，过 C 作 $b/\!/l$。

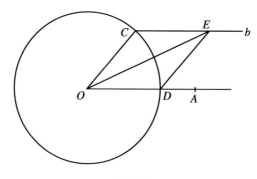

图 26.8

作 $\angle COA$ 的角平分线。

角平分线交 b 于 E，过 E 作 $ED/\!/OC$，交 d 于 D。

D 即为所求。

证　平行四边形 $OCED$ 是菱形，所以点 D 在 $\odot O$ 上。

例 26.11　已知隐圆，圆心为 O，C 为圆上一点，直线 a 与 $\odot O$ 相交，试用双边直尺作出 a 与 $\odot O$ 的交点。

作法　如图 26.9 所示，可设 $OC/\!/a$，作 $b/\!/a$ 且 b 与 OC 距离为 d。在 a 上任取一点 A，连 OA，交 b 于 B。

过 B 作 $BD/\!/AC$，交 OC 于 D。

过 O，D 作距离为 d 的两组平行线，其中过 O 的直线分别

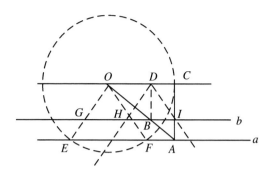

图 26.9

交 a 于 E, F，过 D 的直线分别交 b 于 H, I。E, F 即为所求。

证　设 OE 交 b 于 G，则

$$\frac{OG}{OE} = \frac{OB}{OA} = \frac{OD}{OC}$$

因为 OD 与 GB 距离为 d，OG 与 DH 距离为 d，所以四边形 $OGHD$ 为菱形，$OG = OD$，从而 $OE = OC$。

E 在 $\odot O$ 上，是 $\odot O$ 与 a 的交点。

同理 F 也是 $\odot O$ 与直线 a 的交点。

例 26.12　已知隐圆，即已知圆心 O 及圆上一点 C。试过圆外一点 P 作这圆的切线。

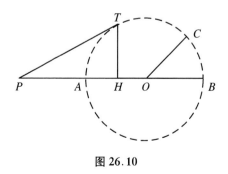

图 26.10

作法　如图 26.10 所示，作直线 PO。

用已有作法,作出 OP 与 $\odot O$ 的交点 A,B。或更简单些,将 OC 旋转到 OA,OB。

作 P,A,B 的调和共轭点 H。

过 H 作 PO 垂线 h。

h 交 $\odot O$ 于 T(用已有作法可作出 T),直线 PT 即为所求。

例 26.13　作两个隐圆的外公切线。

作法　设这两个圆的圆心为 O_1,O_2,C_1,C_2 分别为这两个圆上的已知点,不妨设 $O_1C_1 /\!/ O_2C_2$。

过 C_1,C_2 作直线,交连心线 O_1O_2 于 P。

过 P 作 $\odot O_1$ 的切线 PT。

PT 也就是 $\odot O_1,\odot O_2$ 的外公切线(图 26.11)。

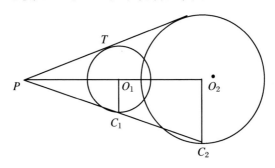

图 26.11

证　P 是外位似中心。

例 26.14　求两个已知隐圆的公共点。

作法　上题已作出外公切线,设切点为 T_1,T_2。

作线段 T_1T_2 的中点 Q。

过 Q 作 O_1O_2 的垂线 h。

h 与 $\odot O_1$ 的公共点 E,F,即为 $\odot O_1,\odot O_2$ 的公共点。

证　如图 26.12 所示,因为 $QT_1 = QT_2$,所以 Q 在两圆根轴,即公共弦(所在直线)上,O_1O_2 的垂线 h 即公共弦(所在直线)。

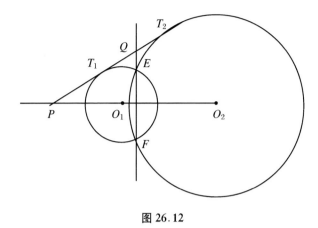

图 26.12

于是，用双边直尺可完成尺规作圆的全部作图。

27 矩

矩就是矩尺也称为角尺,它是木制的,是木工师傅的常用工具。我们可以用硬纸板剪一个矩尺,如图 27.1 所示。真正的矩尺当然要比这个大很多。

图 27.1

我国古代就知道作图要用(圆)规、矩。"不以规矩,不能成方圆",文物《伏羲女娲图》中就有伏羲持矩,女娲持规的情景(图27.2)。

矩由两条互相垂直的线组成。

图 27.2

一个圆形的木头或钢柱,可以用矩找出它的圆心(图27.3)。

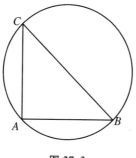

图 27.3

复习一下:

方法是用矩在圆上画出 AB,AC,再连 BC。

因为$\angle BAC = 90°$,所以 BC 是圆的直径,它一定过圆心。

在图上另找一点,再画一条直径,两条直径的交点就是圆心。

矩,可以作直线,也可以作垂线。

例 27.1　已知直线 a 及线外一点 B,试过 B 作 a 的平行线。

作法　如图 27.4 所示,过 B 作 a 的垂线 h(用矩不难完成),再过 B 作 h 的垂线 b。

b 即为所求。

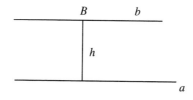

图 27.4

证　因为 $a \perp h$,$b \perp h$,所以 $a /\!/ b$。

于是,用矩可以(过一点)作已知直线的平行线,从而也可作出任一条已知线段的中点,将这条线段 n 等分(n 为大于 1 的自然数),或者将这条线段延长至 n 倍。

用矩也可以作平行四边形,将一条线段 AB 平移到 CD,C 为任意一点。

矩不仅有上述功能,它最厉害的是可以完成以下作图:

如图 27.5 所示,已知点 B,C 及 B,C 之间的一条直线 a,可以作一个直角,顶点在 a 上,两条直角边分别过 B,C。

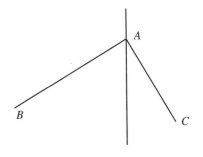

图 27.5

用硬纸板做好矩的读者可以试一下,便知此言非虚(实际上有两个这样的 A)。我们称它为矩的特有功能。

有此特有功能,便可将线段旋转。

例 27.2　已知线段 OC 及直线 a,试作线段 OA,$OA = OC$ 并且 $OA /\!/ a$。

作法　过 O 作直线 $b /\!/ a$。

延长 CO 到 D,使 $OD = CO$。

用上面矩的特有功能,由 C,D 两点及直线 b,作出 b 上的点 A 与 A',使 $\angle CAD = \angle CA'D = 90°$。

A,A' 即为所求(图 27.6)。

证　直角三角形 CAD 中,斜边中线

$$OA = \frac{1}{2}CD = OC = OD$$

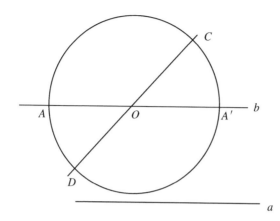

图 27.6

同样地，$OA' = OC = OD$。

　　例 27.2 即表明一条线段可绕其一端旋转到任一个方向上。

　　用上述特有功能还可以平分已知角。

　　例 27.3　　已知∠AOB。试用矩作出角平分线。

　　作法　　如图 27.7 所示，在边 OA 上任取一点 A，延长 OA 到 C 使 $AC = OA$（或先取 C，再平分 OC）。

　　过 A 作直线 $AD \parallel OB$。

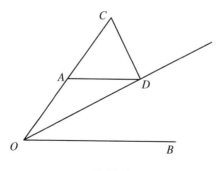

图 27.7

　　用矩的特有功能，在直线 AD 上取 D，使∠$ODC = 90°$。

作射线 OD，OD 即 $\angle AOB$ 的平分线。

证　因为 $\angle ODC = 90°$，A 为 OC 中点，所以 $\angle ADO$ $= \angle AOD$，

$$\angle DOB = \angle ADO = \angle AOD$$

因此，OD 是 $\angle AOB$ 的平分线。

实际上，仅用矩就可以完成全部尺规作图。当然，其中的圆只能是隐圆，而不是实际的显圆。

为此，首先证明用矩可以作出隐圆与直线的交点。

例 27.4　已知隐圆的圆心 O 及圆上一点 C，直线 a 与 $\odot O$ 相交，试用矩作出交点。

作法　如图 27.8 所示，不妨设 $OC /\!/ a$（否则先将 OC 绕 O 旋转到与 a 平行的位置）。

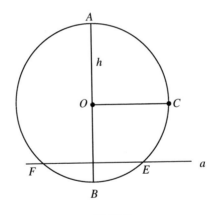

图 27.8

过 O 作 OC 的垂线 h。

将 OC 旋转到 h 上，即在 h 上取 A，B，使

$$OA = OB = OC$$

用矩的特有功能，对 A，B 两点及直线 a，在直线 a 上作出点 E，F，使

$$\angle AEB = \angle AFB = 90°$$

E, F 即为所求。

证 因为 $\angle AEB = \angle AFB = 90°$，所以 E, F 都在以 AB 为直径的圆上，即 $\odot O$ 上。

仅用矩也可以作出两个隐圆的公共点。

例 27.5 已知一圆圆心 O_1 及圆上一点 C_1，另一圆圆心 O_2 及圆上一点 C_2，求作 $\odot O_1$ 与 $\odot O_2$ 的交点。

解 不妨设 $O_1 C_1 /\!/ O_2 C_2$（否则作 $O_2 C_2$ 旋转到与 $O_1 C_1$ 平行的位置）。

作直线 $O_1 O_2, C_1 C_2$ 相交于 P, P 即两圆的外相似心。

作出 PO_1 与 $\odot O_1$ 的交点 A, B（或将 $O_1 C_1$ 旋转到 $O_1 P$ 上）。

作出 Q 点，使 P, A, Q, B 四点调和。

过 Q 作 PO 的垂线 l。

用矩在 l 上作出 D 点，使 $\angle ADB = 90°$，PD 是 $\odot O_1$ 的切线。

以下过程与双边直尺的作图相同。

28　仅用圆规的作图（一）

　　仅用圆规可以完成很多作图，实际上可以完成所有的尺规作图。我们从一些较简单的问题开始。

　　例 28.1　将一半径为 r 的圆 6 等分。

　　作法　在圆上任取一点 A_1，以 A_1 为心，r 为半径作圆，交已知的 $\odot O$ 于 A_2；再以 A_2 为心，r 为半径作圆，交 $\odot O$ 于 A_3。如此继续下去得 A_4, A_5, A_6（图 28.1），$A_1, A_2, A_3, A_4, A_5, A_6$ 将 $\odot O$ 六等分。

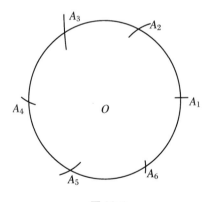

图 28.1

　　用此法可得圆上任一点 A_1 的对径点 A_4。

　　例 28.2　将 $\odot O$ 四等分。

　　解　这个问题比例 28.1 难不少。

　　我们设圆心为 O，半径为 r。

　　如图 28.2 所示，在 $\odot O$ 上任取一点 A_1，设 $A_1, A_2, A_3, A_4, A_5, A_6$ 为 $\odot O$ 的六等分点。

作$\odot(A_1,A_1A_3)$,$\odot(A_4,A_4A_2)$两圆相交于 E。

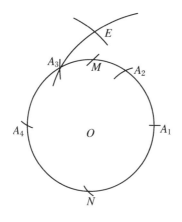

图 28.2

作$\odot(A_1,OE)$,交$\odot O$ 于 M,N。

A_1,M,A_4,N 将$\odot O$ 分为四等分。

证　易知 $A_1A_3 = A_4A_2 = \sqrt{3}r$。

$$OE^2 = A_1E^2 - OA_1^2 = (\sqrt{3}r)^2 - r^2 = 2r^2$$

$$A_1M = A_1N = OE = \sqrt{2}r$$

所以 A_1,M,A_4,N 将$\odot O$ 分为四等分。

已知两点 A,B,仅用圆规可以作出直线 AB 上任意多个点,而且可以作出在线段 AB 上稠密的点集。示例见下面的例 28.3～例 28.5。

例 28.3　已知点 A,B,试作点 $C,D,\cdots$都在直线 AB 上,并且 $AC = 2AB$,$AD = 3AB,\cdots$。

作法　如图 28.3 所示,作$\odot(B,BA)$,作 A 在这圆上的对径点 C。

作$\odot(C,CB)$,作 B 在这圆上的对径点 D。

如此继续下去,$C,D,\cdots$都在直线 AB 上,而且

$$AC = 2AB,\quad AD = 3AB,\quad \cdots$$

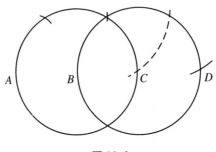

图 28.3

例 28.4　已知⊙O 及点 A,要求仅用圆规作出 A 点的反演 A',即 A'在直线 OA 上,并且

$$OA \times OA' = r^2$$

其中,r 为⊙O 半径。

解　如图 28.4 所示,A 在⊙O 外时,以 A 为心,AO 为半径作圆,交⊙O 于 B,C。

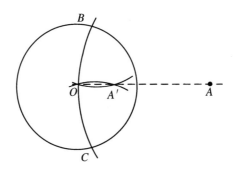

图 28.4

分别以 B,C 为圆心,OB = r 为半径作圆,两圆相交于 O 与 A',A'就是 A 的反演。

证　由对称性知,O,A,A'三点共线。

△AOB 与△BOA'都是等腰三角形,而且∠AOB 是共同的底角,所以两个三角形相似,则

$$OA \times OA' = OB^2 = r^2$$

上面的作法也适用于 A 虽在 $\odot O$ 内但 $OA > \dfrac{r}{2}$ 的情况。

如果 $OA < \dfrac{r}{2}$,那么先用例 28.3 的方法将 OA 扩大至 n 倍,这里 n 是自然数,满足 $n \cdot OA > \dfrac{r}{2}$。

设 $OA_n = n \cdot OA > \dfrac{r}{2}$,且 A_n 在射线 OA 上,用上面的方法得 A_n' 为 A_n 的反演,则

$$OA \times nOA_n' = OA_n \times OA_n' = r^2$$

再用例 28.3 方法,将 OA_n' 扩大 n 倍,得到点 D 在射线 OA 上,并且 $OD = n \times OA_n'$,这时

$$OA \times OD = r^2$$

D 是 A 的反演。

例 28.5 已知点 A,B,对给定正整数 $n \geqslant 2$,作点 C,C 在线段 AB 上,并且 $AC = \dfrac{1}{n}AB$。

作法 由例 28.3,可作出点 D,D 在直线 AB 上,并且

$$AD = n \cdot AB$$

由例 28.4,作出 D 点的反演 C,则 C 即为所求(图 28.5)。

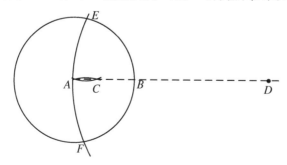

图 28.5

证 $AC \times AD = AC \times nAB = AB^2$，所以

$$AC = \frac{1}{n}AB$$

于是，我们可以将 AB 任意等分，这些分点构成线段 AB 内稠密的集合。

例 28.3、例 28.5 表明仅用圆规可以"作直线"。

例 28.6 已知 $\odot O$，但不知道它的圆心，仅用圆规作出它的圆心。

解 如图 28.6 所示，在 $\odot O$ 上任取一点 A，以 A 为圆心作一个与 $\odot O$ 相交的圆，设交点为 B,C。

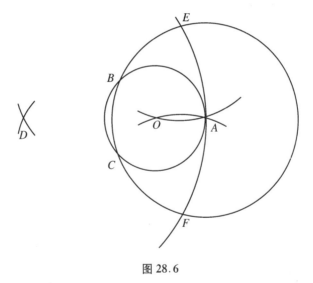

图 28.6

分别以 B,C 为圆心，BA 为半径画弧，又交于 D，则 D 与 O 关于 $\odot(A,AB)$ 互为反演。

用例 28.4 的方法作出点 O，即可。

马斯凯罗尼（图 28.7）证明了仅用圆规可完成所有的尺规作图。

图 28.7 马斯凯罗尼

马斯凯罗尼(Mascheroni, 1750—1800),意大利学者、诗人。在 1797 年出版 *Geometria del compasso*(《圆规几何学》),证明了仅用圆规可完成所有的尺规作图。

29　仅用圆规的作图(二)

这一节的重点是仅用圆规作圆与直线(仅用两个点表示)的交点。

先介绍几个简单的例题,如作平行线、作垂线。

例29.1　已知 A, B, C 三点不共线,仅用圆规作出点 D,使 $CD /\!/ AB$。

作法　如图 29.1 所示,作 $\odot(C, AB)$,$\odot(A, BC)$,两圆的交点 D 即为所求。

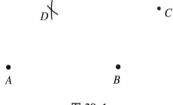

图 29.1

证　$CD = AB$,$CB = AD$,所以四边形 $ABCD$ 是平行四边形。

注 1　$\odot(C, AB)$ 与 $\odot(A, BC)$ 还有另一个交点 D',D' 与 D 关于 AC 对称,D' 不合本例要求。

注 2　同样可得点 E,四边形 $ABEC$ 为平行四边形。

例29.2　已知 A, B, C 三点,过 C 作 AB 的垂线。

作法　如图 29.2 所示,如果 C 不在直线 AB 上,那么 C 点关于 AB 的对称点,即 $\odot(A, AC)$ 与 $\odot(B, BC)$ 的另一个交点 C' 满足要求。

如果 C 在直线 AB 上,那么作 $\odot(B, r)$,$\odot(C, r)$,其中 r

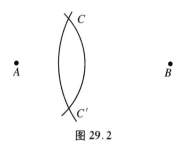

图 29.2

为大于 $\frac{1}{2}BC$ 的长(例如 $r = BC$),两圆相交于 O。

作 $\odot(O, OB)$。

作 B 在 $\odot O$ 的对径点 C'。

C' 即为所求(图 29.3)。

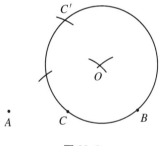

图 29.3

例 29.3 已知点 A,B 在 $\odot O$ 上,仅用圆规作出 $\overparen{AB}$ 的中点。

作法 与例 28.2 的作法类似。

由例 29.1 作法,作 C 点,使四边形 $ABOC$ 为平行四边形,作 D 点,使四边形 $ABDO$ 为平行四边形。

作 $\odot(C, CB)$ 与 $\odot(D, DA)$,两圆相交于 E。

作 $\odot(D, OE)$ 与 $\odot(C, OE)$,两圆相交于 M。

点 M 即为所求(图 29.4)。

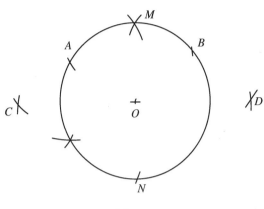

图 29.4

证　由对称性,E,M,O 共线,并且 $EO \perp CD$。

$$OM^2 = DM^2 - DO^2$$
$$= OE^2 - DO^2$$
$$= DE^2 - 2 \times DO^2$$
$$= DA^2 - 2 \times DO^2$$

而四边形 $ABDO$ 为平行四边形,所以

$$DA^2 + OB^2 = 2(OA^2 + DO^2)$$
$$= 2OB^2 + 2DO^2$$

从而

$$OM^2 = DA^2 - 2DO^2 = OB^2$$

即 M 点在 $\odot O$ 上。

由对称性,M 是 $\overparen{AB}$ 的中点,M 的对径点也是 $\overparen{AB}$ 的中点,只是这里的两个 $\overparen{AB}$,一个是劣弧,一个是优弧。

例 29. 4　已知 A,B 两点及 $\odot O$,求作 $\odot O$ 与直线 AB 的交点。

作法 如图 29.5 所示,如果圆心 O 不在直线 AB 上,作 O 关于 AB 的对称点 O_1(见例 29.2)。

以 O_1 为圆心作与 ⊙O 半径相等的圆,两圆的交点 X,Y 即为所求。

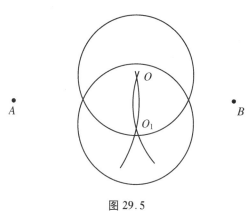

图 29.5

如果圆心 O 在直线 AB 上,以 B 为圆心任作一圆与 ⊙O 相交于点 C,D(图 29.6)。

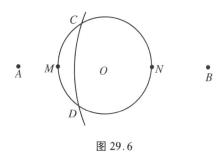

图 29.6

由例 29.3 作法,作出 $\overparen{CD}$ 的中点 M 及 M 的对径点 N。

M,N 就是 ⊙O 与直线 AB 的交点。

例 29.5 已知点 A,B 的距离为 a,点 C,D 的距离为 b。作出点 E,F,E,F 都在直线 AB 上,并且

$$AE = a + b$$
$$AF = a - b$$

作法　　如图 29.7 所示,以 B 为圆心,b 为半径作圆。由例 29.4,得出这圆与直线 AB 的交点 E,F。

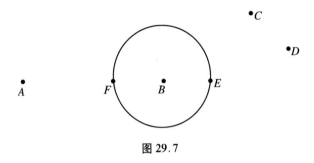

图 29.7

E,F 即为所求。

30 仅用圆规的作图(三)

本节主要求作两条直线(各以两个点表征)的交点。

例 30.1 已知长 a,b,三点 O,A,B,满足 $OA = OB = a$。试找三点 O',A',B',满足 $O'A' = O'B' = b$,并且 $\angle O'A'B' = \angle OAB$,即 $\triangle O'A'B' \backsim \triangle OAB$。

作法 如图 30.1 所示,取 $O' = O$,以 O 为圆心,b 为半径作圆,作 $\odot(O,b)$ 与直线 OA 的交点 A',$\odot(O,b)$ 与 OB 的交点 B',O',A',B' 即为所求。

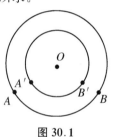

图 30.1

上面的作法写起来简单,但如果仅用圆规操作,作 $\odot(O,b)$ 与 OA,OB 的交点,还是挺麻烦的。

简单的做法是在 $\odot(O,b)$ 上任取一点 A'(图 30.2)。然后作 $\odot(B,AA')$ 交 $\odot(O,b)$ 于点 B',则点 O,A',B' 即为所求。

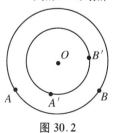

图 30.2

证　因为 $OA = OB, OA' = OB', AA' = BB'$，所以 $\triangle OAA'$ $\cong \triangle OBB', \angle AOA' = \angle BOB'$。

从而

$$\angle AOB = \angle A'OB'$$

$$\triangle AOB \backsim \triangle A'OB'$$

例 30.2　已知三条线段的长度分别为 a, b, c（所谓线段即给出两个端点）。求作它们的第四比例项 $x = \dfrac{bc}{a}$（即 $a : b = c : x$）。

作法　先设 $c < 2a$。

任取一点 O 为圆心，作半径为 a 的圆。

在圆上任取一点 A，作 $\odot(A, c)$ 交 $\odot O$ 于 B，即在 $\odot O$ 内作长为 c 的弦 AB。

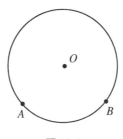

图 30.3

由例 30.1 作法，作出 $\triangle O'A'B' \backsim \triangle OAB$，并且 $OA' = b$。

这时

$$A'B' = \frac{OA'}{OA} \times AB = \frac{bc}{a}$$

如果 $c > 2a$，可取一自然数 n，使 $\dfrac{c}{n} < 2a$，用上法作出线段 EF，长为

$$y = \frac{\dfrac{c}{n}b}{a} = \frac{bc}{na}$$

再将线段 EF 的长度扩大 n 倍(例 29.4),得线段 EG,EG 的长为

$$x = ny = \frac{bc}{a}$$

例 30.3　已知点 A,B,C,D,作直线 AB 与 CD 的交点。

作法　如图 30.4 所示,先设 C,D 在直线 AB 的异侧。

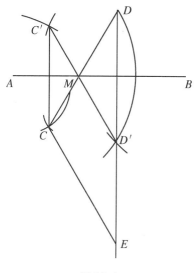

图 30.4

作 C,D 关于直线 AB 的对称点 C',D'(例 29.2)

由对称性 $C'D'$ 与 CD 的交点 M 即 AB 与 CD 的交点(当然图中画的直线都只存在于想像之中,因为我们仅用圆规作图。这里画出来是为了推理方便和理解方便)。

作点 E,使得四边形 $C'CED'$ 为平行四边形(例 29.1)。

因为 $D'E \parallel C'C \parallel DD'$,所以 D,D',E 三点共线。

设 $CE = c$,$DD' = b$,$DE = a$,则

$$MD' = \frac{bc}{a}$$

而由例 30.2,这个长度是可以作出的。

于是,以 D' 为圆心, $\dfrac{bc}{a}$ 为半径作圆。又以 D 为圆心,同样长为半径作圆,两圆相交于点 M。

点 M 即为 AB 与 CD 的交点。

如果点 C,D 在直线 AB 同侧,作法与上面类似。

如图 30.5 所示,作出 C,D 关于直线 AB 的对称点 C',D'。作点 E,使四边形 $C'CED'$ 为平行四边形,E 在直线 DD' 上。

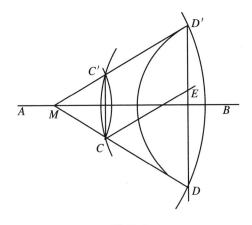

图 30.5

同样地,设 $CE = c, DD' = b, DE = a, MD' = x$,则

$$x = \frac{bc}{a}$$

以 D,D' 为圆心,$\dfrac{bc}{a}$ 为半径作两个圆,两圆的交点 M 是直线 CD 与 AB 的交点。

至此,已证明仅用圆规可以完成所有的尺规作图。

附录 1 张脚固定的圆规

几何学家 Pedöe 曾经在一家印度的数学刊物上提出如下的问题：

用一个张脚间距固定为 r 的圆规（即只能作半径为 r 的圆），能否作出一点 A，使它与两个已知点 B，C 构成等边三角形的三个顶点？

这个问题一直未得到解答，根据 Pedöe 本人的意见，如果线段 $BC \leqslant 2r$，或者线段 BC 已经画出，那么问题都不难解决。但一般情况，似乎是不能解决的。

其实这个问题是可以解决的。我作的解答发表在 1983 年的《数学通讯》上（笔名肖韧吾）。

先给出 $BC \leqslant 2r$ 时的解法。

如图 F1.1 所示，分别以 B，C 为圆心，作半径为 r 的圆。因为 $BC \leqslant 2r$，两圆心有公共点 D。

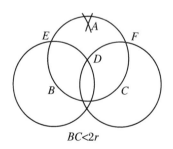

$$BC < 2r$$

图 F1.1

以 D 为圆心，r 为半径作圆，分别交 $\odot B$，$\odot C$ 于 E，F。

分别以 E，F 为圆心，作半径为 r 的圆，两圆相交于 D 及

A,则点 A 即为所求。

事实上,四边形 $AEDF$ 是菱形(四边相等),所以

$$\angle EDF = 180° - \angle AED$$

从而

$$\angle BDC = 360° - \angle EDF - 60° - 60°$$
$$= \angle AED + 60° = \angle BEA$$

$\triangle BDC$ 与 $\triangle BEA$ 都是腰为 r 的等腰三角形,顶角 $\angle BDC$ $= \angle BEA$,所以

$$\triangle BDC \cong \triangle BEA$$
$$BA = BC$$

同理,$CA = CB$。

所以 $\triangle ABC$ 是等边三角形。

当 $BC = 2r$ 时,D 是 BC 中点(图 F1.2),上述 $\triangle BDC$ 与 $\triangle BEA$ 都是退化的,此时显然

$$AB = BC = CA = 2r$$

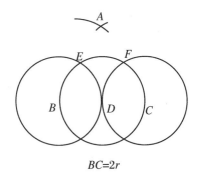

$$BC = 2r$$

图 F1.2

本题有两解:A 点关于 BC 的对称点 A' 也是解。图 F1.1 中 A,B,C 三点是依逆时针方向排列的;A',B,C 则是依顺时针方向排列的。

再讨论 $BC > 2r$ 的情况。

如果有作好的线段 BC,问题容易解决:

采用归纳法,假设在 $BC<nr$ 时,可以作出 A 点,使 $\triangle ABC$ 为正三角形。考虑 $BC<(n+1)r$ 的情况。

如图 F1.3 所示,分别以 B,C 为圆心,作半径为 r 的圆,交线段 BC 于 B_1,C_1。由归纳假设作出点 A_1,A_2 使 $\triangle A_1BC_1$,$\triangle A_2B_1C$ 为正三角形,再分别以 A_1,A_2 为圆心,r 为半径作圆相交得 A 点,$\triangle ABC$ 为正三角形。

图 F1.3

这个解法是笔者这次刚想到的(1983 年的那篇文节中还没有),不知道 Pedöe 的作法是不是这样的。

下面考虑没有线段 BC 的情况。

仍采用归纳法。

假设在 $BC\leqslant\dfrac{n}{2}r$ 时,可以作出 A 点,使 $\triangle ABC$ 为等边三边形,并且 A,B,C 三点是依逆时针方向排列的($n\geqslant4$)。

考虑 $BC\leqslant\dfrac{n+1}{2}r$ 的情况。

以 B 为圆心作半径为 r 的圆。

在⊙ B 上任取一点 B_1，然后再在⊙ B 上作出 B_2，B_3，B_4，B_5，B_6，使 $B_1 B_2 = B_2 B_3 = B_3 B_4 = B_4 B_5 = B_5 B_6 = r$。

不妨设 C 在∠ $B_1 B B_2$ 中，并且

$$\angle B_1 BC \leqslant \frac{60^\circ}{2} = 30^\circ$$

由余弦定理，有

$$CB_1^2 = CB^2 + r - 2CB \cdot r\cos\angle B_1 BC$$

$$\leqslant \left(\frac{n+1}{2}r\right)^2 + r^2 - (n+1)r^2 \cdot \frac{\sqrt{3}}{2}$$

所以

$$CB_1 \leqslant \left(\frac{n+1}{2} - \frac{1}{2}\right)r = \frac{n}{2}r$$

根据归纳假纳，可以作出一点 A_1，使△ $A_1 B_1 C$ 为等边三角形，并且 A_1，B_1，C 是依逆时针方向排列的。

如图 F1.4 所示，如果绕 C 点作顺时针方向的旋转，旋转角为 60°，那么 B_1 变为 A_1，B 变为所求的点 A。因此 $AA_1 = BB_1 = r$，即以 A_1 为圆心，r 为半径作圆，则 A 点必在⊙ A_1 上。

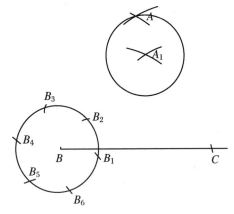

图 F1.4

在 $\odot B$ 上，再取点 $B_1', B_2', B_3', B_4', B_5', B_6'$，使 $B_1'B_2' = B_2'B_3'$ $= B_3'B_4' = B_4'B_5' = B_5'B_6' = r$，并且 $\angle B_1'BC \leqslant 30°$。

同样地，根据归纳法作出 A_1'，使 $\triangle A_1'B_1'C$ 为等边三角形，并且 A_1', B_1', C 依逆时针顺序排列。

再以 A_1' 为心，r 为半径作圆，$\odot A_1'$ 与 $\odot A_1$ 的交点就是所求的 A。

附录 2　几个尺规作图问题^①

直尺、圆规是欧氏平面几何的作图工具。

今天，有了几何面板，不以规矩也能成方圆，但是尺规仍然是常用的作图工具，不仅如此，尺规作图在培养思维能力方面极具作用，这或许正是希腊人当时限定仅用尺规作图的初衷。

苏联数学家曾写过小册子《直尺作图》和《圆规作图》。《直尺作图》讨论了使用直尺的作图，其中最重要的一个作图是下面的命题。

命题 1　已给直线 $AB /\!/ CD$，那么可仅用直尺作出线段 AB 的中点。

作法　如图 F2.1 所示，在直线 AB，CD 外任取一点 P，连接 PA，PB，分别交直线 CD 于 E，F，连接 BE，AF，相交于 N，过 P，N 作一条直线，交 AB 于 M，则 M 为线段 AB 的中点。

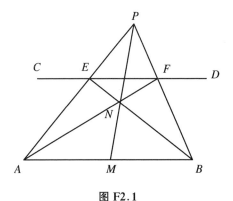

图 F2.1

①　原载《初等数学在中国》第 2 辑。

不难证明,本题曾被用作 1978 年的全国高中数学联赛的试题,这里从略。

仅用直尺可以完成许多尺规作图,但不能完成全部的尺规作图,理由很简单:直尺作出的直线都满足一次方程(在建立直角坐标系后),所得到的点都与原有的点(可假定为有理点)的坐标及原有的直线方程的系数(也可假定为有理数)在同一个数域中;而圆满足二次方程,用尺规作图会得到一些点,坐标在有理数域的二次(乃至 2^n 次)扩张中;因此仅用直尺不能完成全部的尺规作图。但如果给出一个圆及其圆心,那么用直尺就可以完成全部的尺规作图。

仅用圆规可完成全部的尺规作图,这是有名的马斯开龙尼定理。当然,这里的"过两点 A,B 作直线"不可能真的仅用圆规画出来,而是仅用圆规可以完成直线 AB 的全部功能,即

(1) 可作出直线 AB 上任意多个点。

(2) 可作出直线 AB 与另一条(也是已知两个点的)直线 CD 的交点。

(3) 可作出直线 AB 与任一个圆的交点。

这些都可以参看前面提过的那两本小册子。

本书主要讨论几个尺规作图,首先应作如下限定:

(1) 限定尺、规使用的总次数。

(2) 限定直尺使用的次数。

(3) 限定圆规使用的次数。

作图 1　已知直线 l 及直线 l 外一点 P,过 P 作 l 的垂线。

通常的作法是以 P 为圆心,任作一个圆交 l 于 A,B;分别以 A,B 为圆心,过 P 作圆,两圆又相交于点 Q,过 P,Q 作一条直线,则直线 PQ 即为所求(图 F2.2)。

这里圆规用了 3 次,直尺用了 1 次,共计 4 次。

能不能使总次数减少? 最少用几次?

这个问题不难。在 l 上任取两点 A,B,分别以 A,B 为圆

心过点 P 作圆,又相交于点 Q;再过 P, Q 作一条直线,PQ 即为所求(图 F2.3)。这时尺规使用的总次数为 3,而且 3 次是最少的。因为最后需要作直线 PQ,还要用 1 次直尺,而定出点 Q,必须作两条线(直线或圆)相交,所以尺规必须至少使用 3 次。

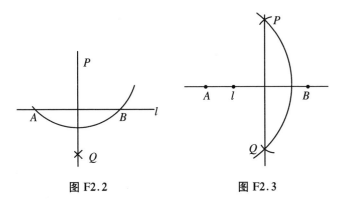

图 F2.2   图 F2.3

图 F2.2、图 F2.3 中都用了圆规不只 1 次。但如果限定只能用 1 次圆规呢?

可以,如图 F2.4 所示,先以 P 为圆心,任作一个圆与 l 相交于 A, B, PB, PA 分别再交圆于 C, D 两点,这时 $CD /\!/ AB$,由命题 1,只用直尺即可作出 AB 的中点 M,而直线 $PM \perp AB$。

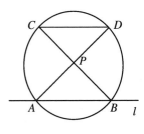

图 F2.4

不用圆规能作出 l 的垂线 PQ 吗?

这个问题留给读者想一想。

作图 2 已知直线 l 及 l 上一点 P,过 P 作 l 的垂线。

通常的作法,尺规使用的总次数为 4(与图 F2.2 类似)。

怎样减少为 3 次?(由作图 F2.1 可知,3 次是最少的)。

在 l 外任取一点 O,以 O 为圆心,过 P 作圆,又交 l 于 A;过 O,A 作一条直线又交圆于 Q。

过 P,Q 作一条直线,则 PQ 即为所求(图 F2.5)。

这里圆规只用了 1 次,而直尺用了 2 次,能否只用 1 次直尺呢?

可以,在图 F2.5 中得到点 A 后,以 A 为圆心过 O 作圆交 $\odot O$ 于 B(图 F2.6);再以 B 为圆心过 O 作圆交 $\odot O$ 于 C;以 C 为圆心过 O 作圆交 $\odot O$ 于 Q,则直线 PQ 即为所求。如不需要实际作出直线 PQ,则按《圆规作图》一书的说法,这里不用直尺就完成了作图。

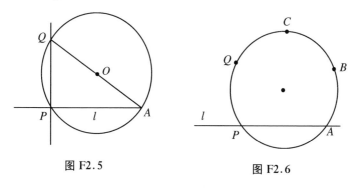

图 F2.5　　　　　　　　　　　图 F2.6

作图 3　已知∠AOB,作∠AOB 的角平分线。

通常的作法是以 O 为圆心,任作一个圆,分别交 OA,OB 于 C,D。再分别以 C,D 为圆心,过 O 作圆,两圆交于 E(图 F2.7),射线 OE 即为所求(图 F2.7)。

其中圆规用了 3 次。能不能减少为 2 次呢?

可以,如图 F2.8 所示,以 O 为圆心作圆,分别交 QA,OB 于 C,D;再以 O 为圆心,以与 OC 不同的长度为半经作圆,分别

交 OA,OB 于 E,F,连接 CF,DE,相交于 G,则 OG 即为所求。

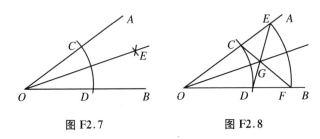

图 F2.7　　　　　　　图 F2.8

能不能只用一次圆规呢?

可以,如图 F2.4 所示,(将其中的点 P 改为点 O)以 O 为圆心,作一个圆分别交 OA,OB 及它们的延长线于 A,B,C,D。再用直尺作出线段 AB 的中点 M,过 O,M 作直线即可。

能不能完全不用圆规呢?

不能。

下面介绍两种证法。

证法一　证明 $45°$ 的 $\angle AOB$ 不能仅用直尺平分。

以 O 为原点,OA 为 x 轴,OC 为 y 轴建立直角坐标系(图 F2.9)。

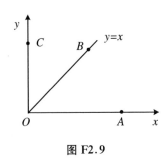

图 F2.9

OB 的方程是

$$y = x \tag{1}$$

而 $\angle AOB$ 的平分线方程为

$$y = (\tan 22.5°) x \qquad (2)$$

不是有理系数的方程,因此无法仅用直尺作出。

证法二　仍建立直角坐标系,作压缩变换,即对每一点 $M(x, y)$,定义它的像为 $M'\left(x, \dfrac{y}{2}\right)$。

容易看出压缩变换将直线变为直线,点与直线的从属关系保持不变。

如果仅用直尺就能平分一个角,那么作压缩变换,所得的像采用同样作法,得到平分线的像就应当是像的平分线。但事实并非如此,例如,在图 F2.9 中,直角 $\angle AOC$ 压缩后仍是自身,它的平分线 OB 压缩后却不是 $OB\left($方程变为 $y = \dfrac{x}{2}\right)$,不是 $\angle AOC$ 的平分线。

注　直角经过压缩,通常并不是直角,仅在直角边平行于坐标轴时才是这样。由此也可得出为什么仅用直尺不能作垂线。一般地,在压缩变换下不能保持的性质,仅用直尺不能完成和其相关的作图。

还有许多作图的问题可以研讨,不过本书不想写太长,请读者们自行考虑吧!

再赘述几句。初等数学历史悠久,因此,重大的研究几乎都已被做完,我以为初等数学的普及或许比研究更为重要(有时普及中也蕴含研究)。当然,初等数学领域也可能会有一些新发现(例如,叶中豪就在平面几何中发现不少新问题),但大多只是一些问题,不能形成完整的理论体系。我国在初等数学研究中最大的成果或许就是陆家羲关于组合数学的研究了。打个不很恰当的比方,钻研这些难题好比啃骨头,而从事新理论的发现与研究好比吃肉。我国数学界的研究,过去也是啃骨头居多(如哥德巴赫猜想就是根坚硬的骨头)。但现在注意到并且能够吃到肉的新一代数学家也多起来了(如恽之伟、孙斌勇、许晨阳、田野等),他们大多经过奥数的训练或熏陶。

参 考 文 献

[1] 阿达玛.初等几何教程:上册[M].朱德祥,译.上海:上海科学技术出版社,1966.

[2] 阿达玛.初等几何教程:下册[M].朱德祥,译.上海:上海科学技术出版社,1966.

[3] 库图佐夫.几何学[M].董克诚,译.北京:高等教育出版社,1955.

[4] 切特维鲁新.射影几何学[M].杨春由,孙褚光,译.北京:高等教育出版社,1965.

[5] 孙泽瀛.近世几何学[M].北京:人民教育出版社,1959.

[6] 荷尔盖蒂.射影纯正几何学[M].黄新铎,译.上海:商务印书馆,1939.

[7] 考斯托夫斯基.圆规作图[M].王联芳,译,北京:科学普及出版社,1965.